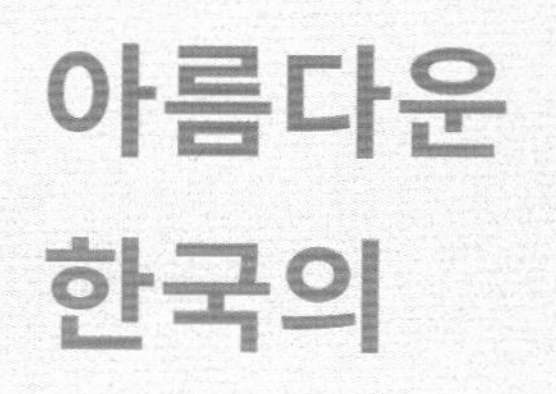

아름다운 한국의 동백

안완식 · 윤성희 지음

아름다운
한국의
동백

지은이 | 안완식·윤성희
펴낸이 | 정숙미

1판 1쇄 인쇄 | 2023년 4월 5일
1판 1쇄 발행 | 2023년 4월 10일

기획 및 편집 책임 | 정숙미
디자인 | 김근영
마케팅 | 김남용

펴낸 곳 | 

주소 | 서울특별시 동작구 동작대로23길 15, 미광빌딩 2층
전화 | 02-812-7217팩스 | 02-812-7218
E-mail | verna213@naver.com
출판등록 | 2000. 1. 4 제20-358호

ISBN |

아름다운 한국의 동백

제주시 성산면 삼달리에서 나의 발길을 잡았던 매력 있는 진적동백.

늦겨울 한낮, 따사로운 햇볕 아래 진녹색의 윤기 흐르는 잎 사이로 환하게 얼굴을 내민 붉은 동백꽃은 참으로 매력이 있다. 청초하고 싱그러운 잎새와 방금 피어난 타는 듯한 붉은 꽃 위에 흰 눈이 소복이 내려 쌓이면 그야말로 금상첨화다.

내가 아름다운 꽃, '동백꽃'에 반하여 열심히 찾아 헤매기 시작한 것은 1990년 초 제주도로 토종씨앗을 찾아갔을 때부터였다. 제주시 성산면 삼달리에서 한 가정집의 돌담 밖으로 늘어진 가지에 핀 동백꽃이 나의 눈길을 사로잡았다. 30년이 지난 지금도 그때 그 동백꽃을 보고 감동했던 느낌이 생생하다. 가운데가 동그랗게 파인 황금빛으로 빛나는 꽃술을 진한 붉은빛의 가지런한 다섯 장의 꽃잎이 둘러싼 완전히 균형 잡힌 모양의 작은 꽃이 녹색 잎 사이로 얼굴을 내밀고 있는 단아하고 예쁜 모습이었다.

그 후로 동백꽃만 보면 그냥 지나치지 않고 자세히 관찰하게 되었다. 해가 바뀌어 가면서 동백꽃에 더욱 흥미를 느끼게 되었고, 우리나라가 세계의 동백자생지라는 것도 알게 되었다.

동백꽃 중에는 붉은 색의 꽃만 있는 것이 아니라 분홍색, 흰색, 검붉은 색이 있다. 꽃의 모양도 극히 다양하며 크기 또한 다르다는 사실을 알게 되었다. 급기야는 제주도처럼 겨울철에 따뜻한 곳에서나 서해안 북한계지인 대청도처럼 추운 곳에서도 피어나는 동백꽃에 대한 궁금증이 하나둘 풀려갔다. 그 후로 기회 있는 대로 전국의 동백자생지를 찾기 시작하였다.

가는 곳마다 꽃을 관찰하여 특성을 조사하고 사진을 촬영한 영상자료가 쌓이다 보니 자료를 정리·기록하여 혼자 보기보다는 동백꽃에 관심이 있는 사람들과 함께 즐기고 싶은 생각이 들었다. 2018년과 2019년에는 공동 저자인 윤성희 소장님과 함께 제주도로부터 울릉도, 남부 해안지대와 크고 작은 도서 그리고 대청도를 잇는 서해안 지대의 동백자생지를 계획적으로 탐색하였다. 동백에 관한 일본 서적 몇 권과 안영희 저《한국의 동백나무》등 책들을 참고하여 특성 조사의 기초자료로 활용하였다.

우리나라 동백자생지를 찾아 돌아보면서 그 지역의 특성에 따라서 그 지역에서 보여주는 특유의 동백꽃에 대한 사진과 특성을 조사·기록하였다. 꽃의 색, 모양, 크기 등을 위주로 조사하여 기록하였다. 기대했던 것보다 훨씬 다양하고 풍부한 성과를 거두었던 것 같지만 아직 부족한 점이 많다고 생각한다.

이 책은 동백꽃에 대하여 문외한인 저자들이 둘러본 곳에서 보이는 대로만을 찾아 기록한 내용이기에 한계는 있겠지만 저자처럼 동백꽃을 좋아하는 사람들이 보면서 함께 즐길 수 있었으면 하는 바람이다. 우리나라 동백꽃을 조사 관찰하는 데 도움을 주신 흙살림의 이태근 회장님께 감사드린다.

한국토종연구소장 매우(梅友) 안완식

2017년 말 안완식 박사님과 미팅하면서 내년에는 뭔가 한 건은 해보자고 의기투합할 때까지만 해도 동백은 나에게 꽤 생소한 나무였다. 동백자생지에서 살아보지도 못했고, 자생동백이라야 붉은 꽃 한 가지 정도로 거기 가봐야 그게 그거 아닐까 하는 생각이 지배적이었다.

자료를 검색하고 두 띠 동갑인 안박사님과 탐사 계획을 세우면서 이게 꽃구경하면서 기분 전환할 정도의 단순한 일이 아님을 알게 되었고, 2018년 2월 첫 번째 탐사지인 제주도 남부의 위미리에 도착해서는 우리 동백의 다양성에 미쳐 거의 전투모드로 전환되는 우리를 발견하게 되었다. 그렇게 시작하여 2018년~2019년에 전국 각지의 유명 자생지와 이름난 동백을 찾아 집중적으로 조사하였고, 그 이후 매년 동백꽃 필 무렵이면 그동안 가보지 못했던 자생지 탐방을 짬짬이 이어오고 있다.

안박사님은 평생을 농업 유전자원을 수집하고 연구해 오신 분으로 나에게는 똑같아 보이는 동백이었지만 섬세한 유전적 표현형 차이를 매의 눈으로 찾아내고 하나하나 설명해 주셨다. 나도 점차 보조원에서 적극적인 우리 동백 자원의 개성과 다양성을 찾아내는 안목을 기를 수 있었고 점점 그 매력에 빠져들게 되었다.

국내 동백은 그 분포지역이 상당히 넓은데도 불구하고 유명하게 알려진 몇몇 말고는 그곳에 과연 동백이 자랄 수나 있겠나 싶을 정도로 알려진 정보가 적다. 난대 상록활엽수 자생지에 살아온 분들이라면 당연한 걸 두고 시시콜콜 설명할 필요조차 없을 터이지만 기후대가 다른 지역에서 사는 사람들에게는 모든 것이 낯선 것이었다. 심지어 동백은 한자 이름처럼 겨울에만 핀다든지, 새가 수정시키므로 벌은 찾아오지 않는다든지, 곤충이 매개하지 않는 꽃이니 토종동백은 꽃향기도 없다든지, 동백의 육지 최북단 자생지는 마량포 인근 동백정에서 끝난다든지, 최북단의 대청도 동백이 가장 추위에 잘 견디어 그 위도 아래에 심으면 내륙에서도 살릴 수 있다든지, 동백은 생육이 느려서 교목이 될 수 없다든지 하는 소위 카더라 통신이 정설인 것처럼 재인용되는 것을 보면 한숨이 나올 지경이다.

몇 년에 걸친 우리나라 동백탐사를 통해 알게 된 것들이 있다.

첫째, 가장 추운 1월 평균온도가 0°C 이상 되는 등온선 상에서는 거의 다 동백이 월동할 수 있다는 것이다. 우리나라 대부분의 섬 지역과 서남부 해안가 지역이 이에 해당하므로, 서남해안 대부분 섬과 동해의 울릉도까지 동백이 자생할 조건을 모두 갖추고 있다.

둘째, 한자로 쓰는 동백(冬栢)이라는 명칭은 고유말이었을 '동백'의 음차 기록으로 봐야 한다는 것이다. 한자로 기록되면서 동백꽃이 겨울에만 피어야 할 것처럼 오해를 낳고 있지만, 실제로는 수선화나 매화, 벚꽃이 피는 계절에 가장 활짝 피어난다.

셋째, 조매화로 분류되어서 동박새 등 새들만이 수정을 시킬 것 같지만 따뜻한 봄날에는 곤충인 꿀벌도 활발히 수정을 시킨다.

넷째, 자생동백은 향기가 없다고 알려졌지만, 실제로는 향기 있는 개체가 많은 것을 확인할 수 있었다. 다만 향이 아열대~열대원산 품종처럼 강하지는 않기 때문에 가까이 맡아야 느낄 수 있는 점 등이다.

동백탐사 중에서 아쉬웠던 점으로는, 자생지에서 외관이 화려한 도입 외래종이 점차 많이 심어지고 있었으며, 백동백 등 특이자원 중에서도 관리가 안 되어 덩굴식물에 뒤덮여 고사 위기에 처했거나, 외딴 섬 지역에서는 염소나 토끼에 의해 뜯어 먹혀 자생 동백군락이 고사 위기에 처한 곳도 볼 수 있었다.

가장 아쉬운 점은 수집된 유전자원을 전문기관에 기탁하려고 조사대상의 가지를 얻어 와서 삽목하여 기르던 중 관리 소홀로 모두 죽어 버린 것이다. 유전자원으로서의 동백은 꽃이 필 때 현장에 나가 조사하고 수집해야 하는 것이라 재탐사를 기획하기에는 엄두가 나질 않는다.

한 가지 희망을 품어 본다면 이 책을 발판으로 우리나라 자생지 동백의 다양성과 아름다움을 발견하는 분들이 조금이라도 더 늘었으면 하는 바람이다. 이 탐사 사업은 흙살림연구소에서 지원해 주었습니다.

흙살림연구소 소장 윤성희

차 례

선운사 분홍동백

보길도 세연정 동백

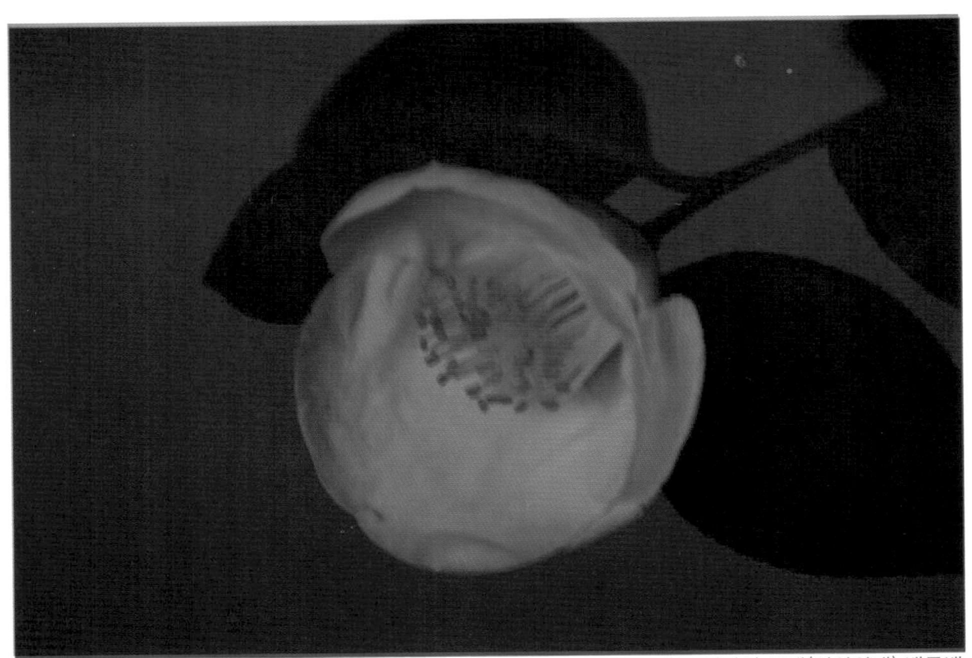

보길도 정자리 고택(심원위채) 백동백

완도 백동백

장흥 천관산 동백

서천 마량 동백정 동백

제주 진적동백

보령 외연도 동백

통영 우도 동백

장흥 천관산 동백

장흥 천관산 동백

고창 선운사 동백

서귀포 주상절리 적동백

한국의 동백나무(*Camellia japonica*)

지구상에서 통백나무는 200여 종이 일본, 중국 남부, 인도 동부 등 동아시아 지역에 집중적으로 분포되어 있다. 말레이시아와 인도네시아 등 열대 지역의 고산지대에 자생하는 종도 있다. 세계적으로 통백의 종이 가장 많이 분포되어 있는 곳은 중국 남부 지역에 80여 종이다.

한반도는 주변의 섬을 포함하여 서남부 해안 지역이 세계 통백나무의 자생지 중 하나이다. 우리나라의 통백자생지에는 통백나무(*Camellia japonica L.*)와 통백나무속[山茶屬 ; *Camellia L.*)의 하나인 차나무(*Camellia sinensis*)가 한반도의 남부 지방에 자생한다. 통백나무(*Camellia japonica*)는 한국과 북해도를 제외한 일본열도, 대만 등지에만 자생 분포한다.

일본에는 기본종인 통백나무(*Camellia japonica*) 외에 덤불통백(*C. japonica var. japonica*), 눈통백(*C. japonica subsp. rusticana*), 사과통백(*C. japonica var. macrocarpa*), 애기통백(*C. sasanqua*)이 자생하고 있다. 덤불통백은 통백나무와 꽃과 잎의 차이가 있긴 하지만 통백과 거의 유사하므로 학자에 따라서는 통백나무와 같은 종으로 보기도 한다. 우리나라의 자생통백을 덤불통백으로 보는 경우도 있다(안영희, 2013). 덤불통백은 규슈[九州 ; 구주]에서 혼슈[本州 ; 본주] 북부에 이르기까지 광범위하게 분포하고, 눈통백은 아키타 현[秋田縣 ; 추전현]에서 사가 현[佐賀縣 ; 좌하현] 북부에 이르는 산악지대의 눈이 많은 지역에 분포하며, 사과통백은 규슈 가고시마 현[鹿児島県 ; 녹아도현]의 야쿠시마[屋久島 ; 옥구도]와 시코쿠[四国 ; 사국]와 야마구치 현[山口県 ; 산구현]에도 분포한다. 그 외에 애기통백은 남쪽 섬지방인 혼슈, 시코쿠의 남서부, 규슈와 오키나와[沖繩 ; 충승] 일대에 자생하고 있다.

한국의 차나무(*Camellia sinensis*)

중국에는 대륙의 서남부 지역인 푸젠성[福建省 ; 복건성], 장시성[江西省 ; 강서성], 광둥성[廣東省 ; 광동성], 광시성[廣西省 ; 광서성], 윈난성[雲南省 ; 운남성], 구이저우성[貴州省 ; 귀주성], 쓰촨성[四川省 ; 사천성] 등에 많이 분포하고 있다. 그 중 윈난 지역을 중심으로 자생하고 있는 '윈난동백'이라고 하는 레티큘라타동백(*Camellia reticulata*) 외에도 동백나무속 식물이 65종이 분포하고 있다고 한다. 레티큘라타동백은 꽃이 크고 선홍색으로 화려해서 육종 재료로 많이 활용되고 있다. 또한 희귀한 노랑 동백 크리산타동백(*Camellia chrysantha*)이 서남부지방에 분포하는데 '금화차(金花茶)'라고도 불린다. 그 외에 어린잎을 차로 만들어 마시는 차나무(*Camellia sinensis*)와 열매를 이용해서 기름을 짜는 체키양-올레오사동백(*Camellia chekiang-oleosa*)과 올레이페라동백(*Camellia oleifera*), 또 방향성 동백인 포레스티동백(*Camellia forrestii*)이 널리 분포한다.

한국의 자연적인 동백나무 군락지는 동쪽의 울릉도와 울산광역시 목도에서 남쪽의 제주도를 포함하는 모든 섬과 해안선을 따라 북서쪽 동백의 자생한계 지역인 대청도를 잇는 U자형 등온선을 따라 동백이 자생하고 있다. 울릉도는 솔송나무, 섬잣나무, 자금우 등과 함께 동백나무가 우점되어 있다. 동남부 해안인 울산광역시 목도 5ha와 부산광역시 강서구 대항동 가덕도 해안 암벽의 동백군락이 동남부 지역의 동백군락지이다.

경상남도 거제시 동부면 학동리 일원인 몽돌해수욕장 인근 국도변 해안을 끼고 있는 동백군락은 38ha 정도로 천연기념물로 지정되었다. 통영시 충렬사는 400여 년 전 이충무공을 기리기 위해 세워진 사당으로, 세워질 당시부터 심어져 있는 동백은 경상남도 기념물 제74호로 지정되어 있는 보호수로 고목이다. 통영시 우도는 작은 섬이지만 백동백, 분홍동백, 붉은동백 나무가 있다. 지심도는 섬 전체가 동백산이다. 울산광역시청 및 울산광역시 중구청 학성공원에는 임진왜란 때 일본으로 유출되었다가 돌려받은 “울산동백” 나무가 있다.

전라남도 광양시 옥룡사 동백림은 2만 평 규모의 동백숲이다. 전라남도에는 여수시 삼산면 거문도의 서도와 여수시 신항 앞에 있는 오동도는 동백꽃 관광지로 유명하다. 전라남도 장흥군 관산면 부평리의 천관산자연휴양림은 20ha의 거대한 순림으로 장흥군의 동백림으로 지정되어 있으며 꽃의 모양, 크기 그리고 색상이 다양하다. 고흥군 포두면 봉황리 금탑사 주변 등지, 완도군 군외면 완도수목원과 완도읍 죽정리에 있는 수련원 주변 그리고 소안면 월항리 마을 뒤쪽 산등성이, 또 보길도 「어부사시사」의 고향 ‘세연정(洗然亭)’의 다양한 동백, 진도군 의신면 사천리 첨찰산 쌍계사와 운림산방 부근, 신안군 흑산면 심리 흑산도 반대편 해안 산등성이의 동백군락이

천연기념물 지정 번호	명칭	지정 일시	위치
천연기념물 제66호	옹진 대청도 동백나무 자생북한지	1962년 12월 7일	인천광역시 옹진군 백령면 대청리
천연기념물 제161호	강진 백련사 동백나무 숲	1962년 12월 7일 (대한민국 천연기념물 151호로 지정)	전라남도 강진군 도암면 백련사
천연기념물	보령 외연도 상록수림	1962년 12월 7일	충청남도 보령시 오천면 외연도리 산293번지
천연기념물 제169호	서천 마량리 동백나무 숲	1965년 4월 1일	충청남도 서천군 서면 마량리
천연기념물 제184호	고창 선운사 동백나무 숲	1967년 2월 11일	전라북도 고창군 아산면 삼인리
천연기념물 제233호	거제 학동리 동백나무 숲 및 팔색조번식지	1972년 9월 13일	경상남도 거제시 동부면 학동리
천연기념물 제489호	광양 옥룡사 동백나무 숲	2007년 12월 17일	전라남도 광양시 옥룡면 추산리
천연기념물 제515호	나주 송죽리 금사정 동백나무	2009년 12월 30일	전라남도 나주시 왕곡면 송죽리

그 외	
신흥 동백나무군락	제주특별자치도 기념물 제27호
위미동백나무군락	제주특별자치도 기념물 제39호
충렬사동백나무	경상남도 기념물 제74호
거제 외간리동백나무	경상남도 기념물 제111호
해남 서동사 동백나무, 비자나무 숲	전라남도 기념물 제244호

볼 만하다. 전라남도 해남군 두륜산 대흥사 뒤편에는 8ha 정도의 동백나무 숲이 있다. 전라남도 강진군 도암면 만덕리 다산 정약용 선생의 초당 근처 백련사 주변 5ha에 동백나무 7,000그루가 천연기념물 제151호로 지정되어 보호되고 있다. 천연기념물 제184호인 고창군 선운사의 동백나무 숲은 선운사 입구 오른쪽 비탈에서부터 절 뒤쪽까지 약 30m 폭으로 5,000여 평에 500여 년 된 동백나무 3,000여 그루가 군락을 이루고 있다. 3월 말에서부터 4월 말 사이에 꽃을 피운다.

충청남도 서천군 서면 마량리 동백나무 숲은 해안가에 7.7ha 정도의 면적으로 3~4월에 동백꽃으로 장관을 이룬다. 인천광역시 옹진군 대청도는 38선 이북의 세계 동백의 북한계선이다. 150여 그루의 동백이 남아서 자생하고 있으며 천연기념물 제66호로 지정되어 보호되고 있다.

제주특별자치도 서귀포시 남원읍 위미리의 동백군락은 140여 년 전에 방풍림으로 심겨진 동백군락으로 제주특별자치도 기념물 제39호이다. 서귀포시 남원읍 신흥리 동백마을의 동백군락은 제주특별자치도 기념물 제27호이며 마을 내 제사를 지내는 크지 않은 당 숲으로 난대성 혼합림이다. 제주특별자치도의 진정한 동백자생 군락지는 곶자왈 동백자생지이다. 북제주 조천읍 선흘리 산12번지 일원의 선흘곶 동백동산은 제주특별자치도 기념물 제10호이며, 제주특별자치도만의 특유한 지질지대인 곶자왈로서 남사르 습지로 2011년에 지정되어 있고, 자연 혼합림이다.

한편 쌍계사, 화엄사, 백련사, 미황사, 향일암, 선운사 등은 사찰 주변에서 일어나는 산불로부터 화재를 피하기 위하여 인위적으로 조성한 동백림이다.

우리나라에는 동백림이 천연기념물로 지정되어 보호되고 있는 곳이 전국에 7개 소가 있다. 동백이 가장 많이 자생 분포되어 있는 전라남도에는 강진군 백련사 동백림, 광양시 옥룡사 동백나무 숲과 나주시 송죽리의 금사정 동백나무 등 3개 소로 가장 많다. 그 외 경상남도 거제시 학동 동백나무 숲, 전라북도 고창군 선운사 동백나무 숲, 충청남도 서천의 마량리 동백나무 숲과 인천광역시 옹진군 대청도의 옹진 대청도 동백나무 자생북한지이다.

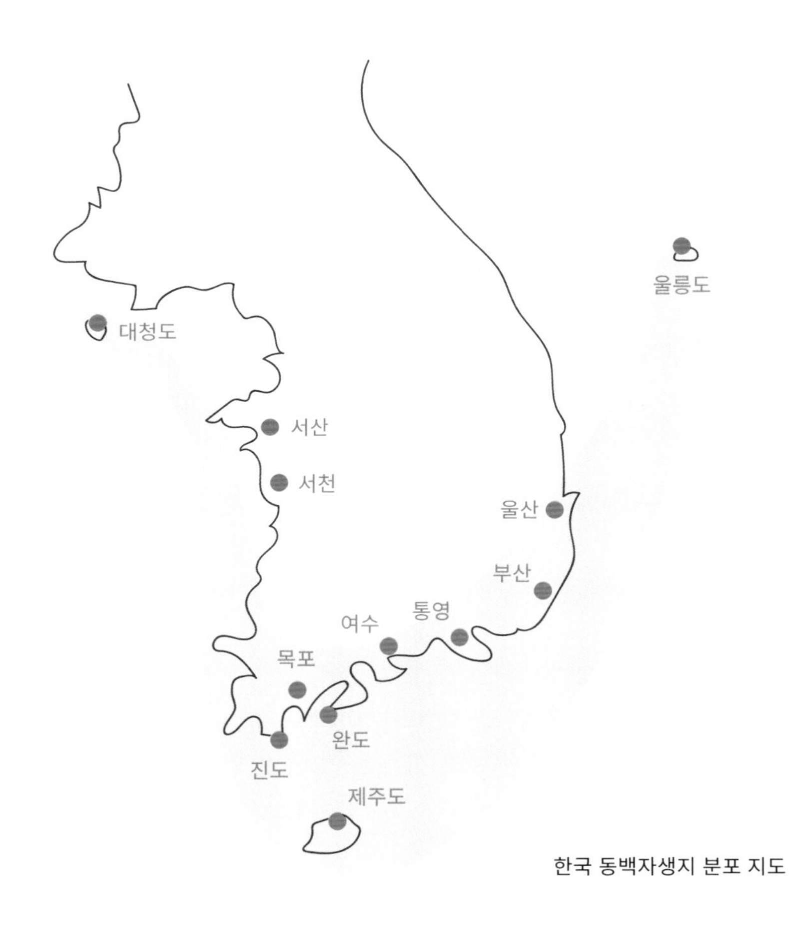

한국 동백자생지 분포 지도

우리나라의 동백 자생 분포 지역의 기상은 연평균 기온이 11~22℃이고 연평균 강수량은 1,200mm 이상이며 제주특별자치도의 경우 해발고도 1,100m 이내인 지역이다. 근래에는 지구온난화 등으로 좀 더 내륙으로 북한계가 상승하고 있어 보인다. 충청남도에서 북쪽으로 갈수록 대교목으로 자라는 동백은 찾아보기 어렵고 많이 자라야 준교목 정도로 자랐으며, 이는 겨울철의 낮은 기온에 따른 생태형의 차이로 보인다.

대청도는 동백의 북한계 지대이다. 대청도의 동백자생지는 인천광역시 옹진군 백령면 대청리 43-1번지에 있는 ‘옹진 대청도 동백나무 자생북한지(自生北限地)’로 1962년 12월 7일에 대한민국 천연기념물 제66호로 지정되어 보호되고 있다. 대청도는 추위에 잘 견디는 동백나무 자생지로 대단히 중요한 곳이다. 1984년 미국인 식물 수집가 Berry Yinger씨가 천리포수목원에서 근무할 때 겨울 추위에 잘 견디는 동백을 찾던 중 대청도에서 자생동백을 수집하여 미국의 중부 펜실베이니아에 있는 자기 집 정원에 심었는데 그해 겨울 기온이 −23℃에서도 얼어 죽지 않았으며 이른 봄인 4월에 꽃잎이 5장이고 지름이 6~8cm인 작고 짙붉은 매력있는 예쁜 꽃으로 피었다. 동백 중에서 추위에 가장 강한 이 동백을 ‘Korean Fire’라고 명명하였으며 2003년에는 미국 펜실베이니아 원예협회에서 금상을 받았다.

추위에 가장 강한 동백 'Korean Fire'
(대청도에서 수집)

꽃의 모양

개화 초기로부터 낙화 시기까지 꽃잎의 펴진 모양에 변화가 있기도 하지만, 탐사를 통해 조사한 바를 기준으로 한국 자생 동백꽃의 모양을 7가지로 구분하였다.

① 술잔형 : 모양은 통형에 가깝지만 작은 극소형

② 통형 : 원통 모양으로부터 꽃잎 끝으로 갈수록 약간 넓어지는 꽃. 자생종 동백 대부분이 통형이 많았다.

③ 나팔형 : 꽃잎이 끝으로 갈수록 나팔처럼 젖혀지는 형태의 꽃.

④ 도라지꽃형 : 꽃잎 끝쪽이 뾰족하여 도라지꽃을 닮은 꽃.

⑤ 사발형 : 꽃잎이 펴져서 국사발 같은 모양의 꽃.

⑥ 평면형 : 꽃잎이 완전히 펴져서 평평한 꽃.

⑦ 계란형 : 통형으로 볼 수도 있지만 계란처럼 꽃잎 끝이 안쪽으로 살짝 오므라드는 꽃.

꽃의 색

꽃잎에 색소가 전혀 없는 흰색과 분홍색, 붉은색이 엷은 것부터 매우 진한 것까지 다양하다. 붉은색(홍색)이 가장 보편적이며 꽃의 색을 9가지로 구분하였다.

백색(白)

색소가 전혀 없는 흰 꽃.

극연분홍(極軟粉紅)

극히 미세하게
분홍색을 띠는 흰 꽃.

연한복숭아꽃색

연한 분홍색 꽃.

복숭아꽃색

복숭아꽃 색과 같은 분홍색.

홍색(紅)

대부분의 자생지에서
볼 수 있는 붉은 꽃.

진홍색(眞紅)

진한 붉은색 꽃.

자홍색(紫紅)

보라색이 약간 있는 붉은색 꽃.

흑홍색(黑紅)

흑동백이라고도 하며
검은색에 가까운 붉은색 꽃.

복색(複色)

한 꽃송이의 꽃잎에
여러 가지 색을 띰.

꽃의 구조 (2013. 안영희 책자 참조)

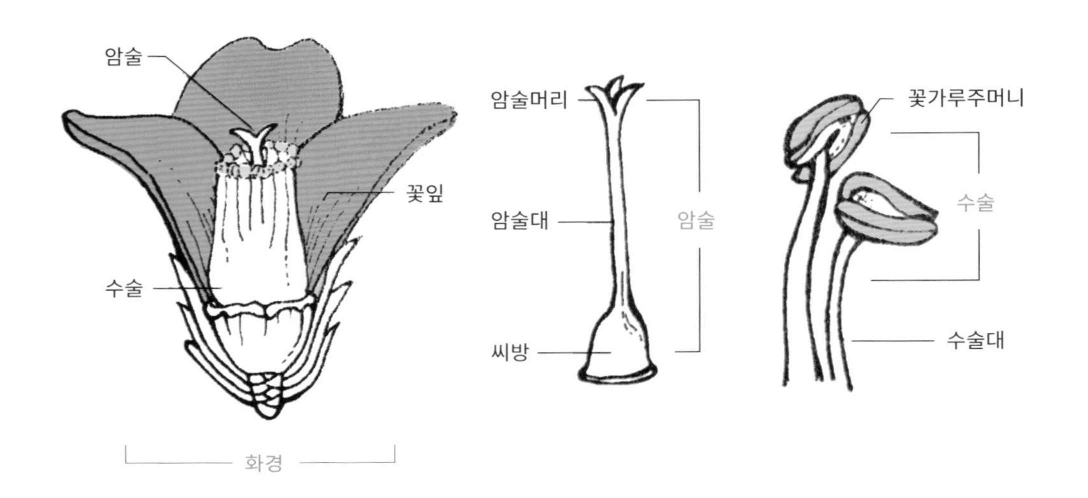

동백(*C. japonica*)과 애기동백(*C. sasanqua*)의
자방과 암술의 비교했을 때
애기동백의 자방 위에는 모용이 나 있다.

동백(*C. japonica*)의 자방과 암술

② 애기동백(*C. sasanqua*)의 자방과 암술

수술의 모양

수술의 모양은 원통형을 기본으로 하여 한국 내 자생지에서는 5가지로 구분하였다.

원통형 : 수술이 곧게 올라와서 원통 모양. 가장 흔한 수술의 모양.

속이 찬 원통형 : 원통형이지만 안쪽으로 수술이 꽉 차 보이는 모양.

끝 좁은 원통형 : 원통형에서 끝으로 갈수록 약간 좁아지는 모양.

매화수술형 : 매화의 수술 모양처럼 끝으로 갈수록 펴지는 모양.

장단혼합형 : 높이가 다른 수술들이 함께 있는 모양.

원통형

속이 찬 원통형

끝 좁은 원통형

매화수술형

장단 혼합형

꽃 크기의 기준

개화 초기부터 낙화할 때까지 크기가 다소 변화가 있었지만, 국내 자생지 동백을 기준으로는 5가지로 구분하였다. * 소형 크기는 자생지에서 가장 흔하다.

열매와 씨앗

잎의 모양

잎의 모양은 감상 기준에 따라서는 더 다양하게 구분할 수 있지만 이번 조사에서는 크게 3가지로 구분하였다. 개화기까지 잎에 붉은색이 남아 있는 나무도 간혹 볼 수 있었기에 특성조사표에 기재하였다. 무늬동백으로 부르는 동백이 애호가를 중심으로 많이 수집되었지만 자생지에서 본 경우는 없었다.

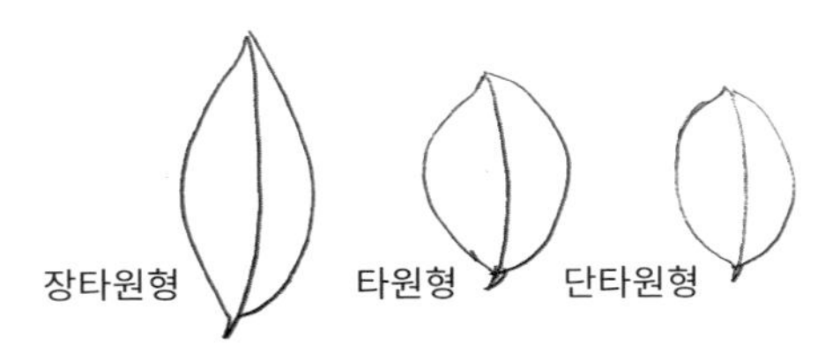

수형

동백나무는 기본적으로 교목이 될 가능성이 있다. 나무의 형태는 독립수로 있을 때와 숲으로 있을 때 서로 다를 수 있다. 독립수로 있을 때는 입형, 횡장형, 왜성형, 총생형, 지수형으로 생장할 수 있으나 대부분은 충분히 공간을 확보하고 자라지 못하여 동백나무의 제대로 된 수형을 구분하기 어려웠다. 분지가 많은 동백나무는 원래부터 그런 것이 아니라, 어려서 원줄기가 잘리거나 환경에 의해 장애를 입고 곁가지가 많이 발생한 것으로 보였다.

*곶자왈 : '숲'을 뜻하는 "곶"과 '가시덤불'을 뜻하는 "자왈"을 합쳐 만든 단어로 나무, 덩굴식물 등이 뒤섞여 원시림의 숲을 이룬 곳을 이르는 제주 사투리.

위미리 동백나무 군락

제주특별자치도 서귀포시의 남원읍 위미리 904-3번지 일원에 있는 제주특별자치도 기념물 제39호이다. 안내판의 설명에 의하면 1875년 이후 밭의 돌담 울타리에 방풍림으로 심어진 수백 그루의 동백나무 군락이다. 꽃 모양이 다양한 것으로 보아 삽목이 아니라 종자로 파종한 것으로 보이며 수령은 기록과 같이 140여 년 이상이 되고 키는 10m 이상이나 되는 큰 나무가 대부분이었다. 지상부 30cm에서 측정한 근원둘레는 100cm 전후가 많고 154cm에 달하는 나무도 있었다. 꽃의 색은 붉은 홍색이 주종을 이루고, 분홍색과 암홍색 꽃도 볼 수 있다. 꽃의 형태는 통형이 많았지만 작은 술잔형, 도라지형, 나팔형, 사발형도 찾아볼 수 있었다.

위미리 동백은 키가 커서 꽃들은 거의 손에 닿지 않았기 때문에 떨어진 꽃으로만 조사하였다. 조사지마다 10개 이상의 표본을 조사하였다. 위미리 동백림은 동백꽃의 모양이 상당히 다양하다.

꽃의 크기는 보통 크기인 중형이 대부분이지만 대형과 소형도 찾을 수 있었다. 꽃잎의 수는 보편적인 5~6장 사이였고 벌·동박새·찌르레기·까치·비둘기 등이 만발한 동백나무의 꿀을 계속 찾아왔다. 꽃은 2월 말경에 만개하여 새소리를 들으며 돌담길을 따라 한 바퀴 돌며 감상하기에 좋았다.

위미리 동백나무 군락과 윤성희 소장. 제주특별자치도 기념물 제39호로 돌담을 따라 100여 년 생 이상 되는 방풍림으로 길 따라 1km 이상 이어진다.

간판 왼쪽에 있는 나무로 홑꽃에 홍색, 통형 꽃으로 5.5cm의 소형 꽃이다.
수술은 원통형이며 수고 12m, 근원둘레 138cm로 고목이고 잎은 타원형이다.
위미리 동백나무 군락에는 동박새, 직박구리, 벌 등이 많이 찾아왔다.

표지판이 있는 문 오른쪽 인근에 있는 홑꽃에 홍색,
통형~나팔꽃 형이며 8.5cm 크기로 꽃이 중형으로 큰 편이다.
수술은 원통형이며 수고 10m, 근원둘레 104cm의 고목이다.

홑꽃에 진한 분홍색, 작은 나팔형 꽃으로 깜찍하게 예쁜 지름 6cm의 소형 꽃이다.
수술은 원통형이며 수고 12m, 근원둘레 135cm로 고목이고 잎은 타원형이다.

홑꽃의 진분홍색이며 5.5cm 꽃 크기로 중간 정도이다.
수술은 원통형, 수고 12m, 근원둘레 130cm의 고목이며 잎은 타원형이다.
꽃잎 끝이 펴지지 않고 뾰족한 도라지꽃 모양이 특징이다.

홑꽃으로 화색은 분홍~홍색이다.
3.5~4cm 크기의 꽃잎이 펴지지 않는 극소형 술잔 모양이다.
수술은 속이 찬 원통형이며, 수고 3m, 근원둘레 45cm의
작은 나무로 잎은 타원형이다.

홑꽃의 암홍색 5cm 크기의 술잔형이다.
수술은 원통형, 수고 12m, 근원둘레 104cm의 고목이며 잎은 타원형이다

① 홑꽃으로 홍색의 4.5~5cm 크기의 소형 꽃이다. 수술은 원통형이며 꽃잎은 6장이고, 수고 10m, 근원둘레 61cm의 고목이며 잎은 타원형이다.
② 홑꽃으로 홍색의 4cm 크기의 술잔형 모양이다. 수술은 속이 찬 폐쇄형에 꽃잎이 6장이다. 수고 12m, 근원둘레 154cm의 고목이고 잎은 타원형이다.

홑꽃의 홍색으로 8cm 크기의 사발형~나팔형의
중형 꽃이며 꽃잎 끝이 물결을 이룬다.
수술은 원통형이고 키 10m,
근원둘레 106cm로 잎은 타원형이다.

1
동백숲

2
3

신흥리 동백나무 군락

제주특별자치도 서귀포시의 남원읍 신흥리 1159-1번지에 위치한 신흥리 동백나무군락이다. 제주특별자치도 기념물 제27호이며 마을 내 제사를 지내는 크지 않은 당숲으로 난대성 혼합림이다. 동백은 마을이 조성될 때 심은 근원둘레 190cm 이상의 300여 년 생으로 고목 수십 그루를 길가 및 혼합림 속에서 찾아볼 수 있다. 마을 숲속에는 동백나무 외에 10m 이상의 키 큰 교목으로 생달나무·참식나무·팽나무·하귤나무 등이 혼재하고, 보호수인 팽나무 2그루도 있다. 당숲 속에 있는 동백은 다른 나무와 함께 혼재되어 나무는 크지만 꽃을 가까이 관찰하기가 쉽지는 않았다.

① 제주특별자치도 서귀포시 남원읍 신흥리 1159-1에 위치한 동백나무 군락. 약 300여 년 생으로 큰 교목이다.

② 신흥리 마을 숲속에 있는 수고 12m, 근원둘레 190cm의 거목으로, 홑꽃의 진분홍색 5.5cm 크기의 사발형이다. 수술은 원통형 모양이다.

③ 신흥리 마을방문자센터 내에 있는 식재된 나무로 홑꽃, 홍색, 통형, 꽃은 5.5cm 정도로 중간 크기이다. 수술은 속이 찬 원통형이며, 자갈색 잎이 특색이다.

선흘곶 동백동산

제주시 조천읍 선흘리 산12번지 일원의 선흘곶 동백동산은 제주특별자치도만의 특유한 지질지대인 곶자왈로서 남사르습지로 2011년에 지정되어 있고, 자연혼합림이다. 숲속 탐방로 5km 중에서 탐방안내소 입구로 들어가 왼쪽으로 서쪽 입구까지 숲길 1.5km를 탐사하였다.

제주특별자치도 난대 상록활엽혼합림 지역으로 환경부의 습지보호구역이기도 하다. 곶자왈 숲속에 다른 나무들과 함께 경쟁하면서 자라서 동백나무는 대부분 가늘고 6m 이상으로 길게 자라고 있다. 준원시림으로 바닥에는 양치식물 등이 많았다. 동백나무 꼭대기 부근만 간혹 꽃을 볼 수 있었고, 남쪽 서귀포시의 위미리와 신흥리보다 개화기가 늦어서 2월 말부터 개화가 시작되는 것으로 보인다. 밑동에서부터 가지가 여럿으로 갈라진 나무가 매우 많았고 개체 수는 많지만 큰 나무는 드물다. 실생으로 후대목이 자라서 이루어진 동백군락이 많다. 이 숲속에서 동백군락은 나무껍질의 색이 흰색이라 다른 나무들과 줄기 색으로 쉽게 구분된다. 40~50년 전에는 동백나무 열매를 동네에서 채취해 착유용으로 활용했으나, 수십 년 간 손대지 않은 이후에는 자연림이 되어 버렸다. 숲속에서 다른 나무들과의 경쟁에 밀려 말라죽은 동백가지도 볼 수 있었고, 수형이 반개장형으로 변한 것이 대부분이었다. 수령은 대부분 50~60년 정도로 보이고, 길게 봐도 100년생 이내로 보였다. 동백꽃의 변이가 크지는 않았다.

선흘곶 동백동산. 북제주 조천읍 선흘리 산12번지. 2011년에 남사르습지로 지정되었으며 자연혼합림으로 된 산책로 가에 동백군락이 여기저기 형성되어 있다.

선흘리 곶자왈의 홑꽃, 홍색, 나팔형 꽃은 소형(4.5cm)의 작은 크기이다.
수술은 원통형이다. 한 꽃에 분홍과 연분홍 2가지 색이며, 잎은 긴 타원으로 작은 편이다.

① 선흘리 곶자왈의 귀엽고 작은 계란형 꽃으로 진홍색을 보인다. 수술은 속이 찬 원통형이다.

② 선흘리 곶자왈의 진분홍색 나팔형 동백으로, 꽃은 4.5cm 크기의 작은 꽃이며 수술은 속이 찬 원통형이다.

카멜리아힐 수목원

카멜리아힐(Camellia Hill) 수목원은 제주특별자치도 서귀포시 안덕면 상창리 271번지 일원에 1979년부터 조성된 국내에서 보기 드문 겨울철을 대표하는 카멜리아속(屬) 전문 식물원이다. 6만 평에 조성된 공원으로 이른 봄에도 탐방객이 많았고, 밑동이 큰 자생동백 고목은 대부분 다른 곳에 있던 것을 옮겨온 것으로 보인다. 외국 원산의 동백, 원예용으로 육성된 외국 동백과 애기동백(*C. sasangqua*)도 많았다. 특색으로는, 제주특별자치도 내 자생하던 100년 이상 되는 것으로 추정되는 큰 고목이 많이 이식되어 있었으며, 잎에 무늬가 있는 무늬동백, 가지가 처진 동백, 동백에 기생하는 겨우살이도 찾아볼 수 있었다.

"카밀리아힐(Camellia Hill)" 수목원.
제주특별자치도 서귀포시 안덕면 상창리 271번지 일원에 조성되어 있다.

① 근원둘레 165cm의 고목으로 진홍색의 나팔형 꽃이고,
꽃은 6cm 크기로 중간이다. 수술은 원통형이다.

② 근원둘레 66cm의 두 가지가 밑동에서 갈라져 있다. 홍색의 4cm 크기의
술잔형이고 원통형 수술이다. 화형이 단정하고 귀여운 것이 매력적이다.

근원둘레 95cm의 고목이며, 홍색 통형의 5cm 크기이다.
속이 찬 원통형 수술이다. 양중해기념관 잔디밭 앞쪽에 있는
화장실 옆에 있으며, 가지가 밑으로 처진 것이 특색이다.

제주민속자연사박물관

제주특별자치도 제주시 일도2동 996-1에 위치한 제주민속자연사박물관 매표소 왼편 소형차 주차장 옆에 이식된 고목으로 꽃잎이 크고 7~8장으로 많으며 홑꽃으로 진한 분홍색이다. 벌레에 의해 잎을 많이 갉아 먹혀 있는 한 그루를 조사하였다.

근원둘레 115cm의 진한 분홍색, 통형의 중형(7cm)화이다.
원통형 수술이며, 꽃잎의 수는 7~8매로 홑꽃으로는 다소 많은 편이다.
제주민속자연사박물관 소형차 주차장 근처에 심어져 있다.

제주 수산초등학교 내 교정의 백동백

2001~2003년 제주특별자치도 자생동백에 관한 연구에 의하면 제주특별자치도 내 자생동백 3종이 포함되어 있다. 이를 본다면, 제주특별자치도에도 희귀한 백동백이 존재해 온 것을 알 수 있다. 제주특별자치도 서귀포시 성산읍 수산초등학교에는 근원둘레 104cm의 나이 먹은 백동백 나무가 심어져 있고 교화로도 지정되어 사랑받아 오고 있다.

왼쪽 사진은 수산초등학교 백동백. 흔치 않은 큰 백동백으로 둘레 104cm로, 140여 년 생으로 추정된다. 개화 최성기는 2월 하순경으로 꽃이 많이 달린다. [사진제공 : 권순범. 2019]

5.5cm 크기의 통형 꽃이며, 꽃잎수는 5장이고
수술의 모양은 통형이다. [사진제공 : 권순범. 2019]

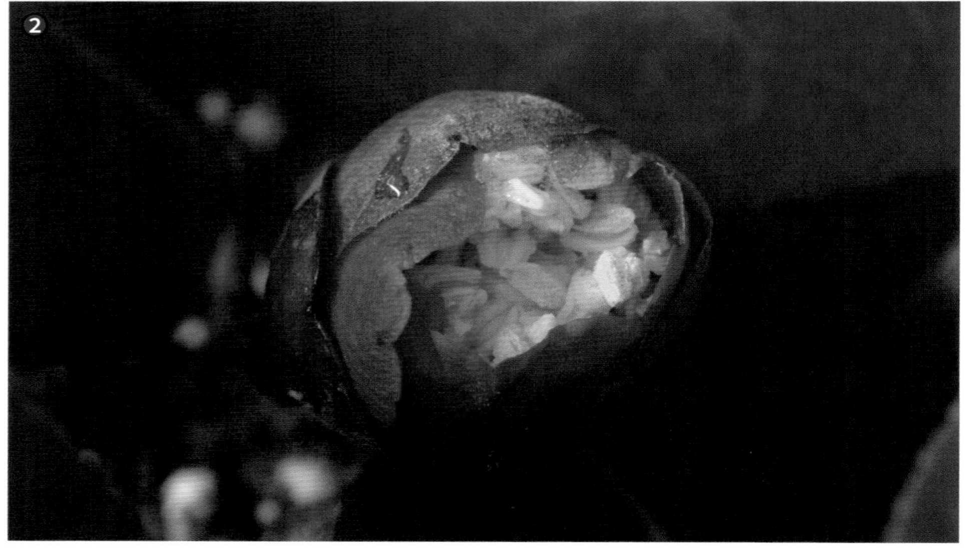

① 흑홍색의 동백나무로 꽃의 크기는 4.5cm, 수술은 원통형이다.

② 개화중인 흑홍색의 동백꽃으로 수술이 원통형이다.

제주특별자치도 서귀포시 성산면 삼달1리 암홍동백

1990년 제주특별자치도의 토종작물을 조사할 때 삼달리 민가에서 우연히 발견한 동백이다. 고목은 아니지만 꽃의 모양이 작으면서 예쁘고 흑홍색으로 특이하다. 잎이 단타원형으로 작고 꽃의 크기도 5cm 정도로 정연하며 매력적인 소형 홑꽃이다. 수술은 원통형이다.

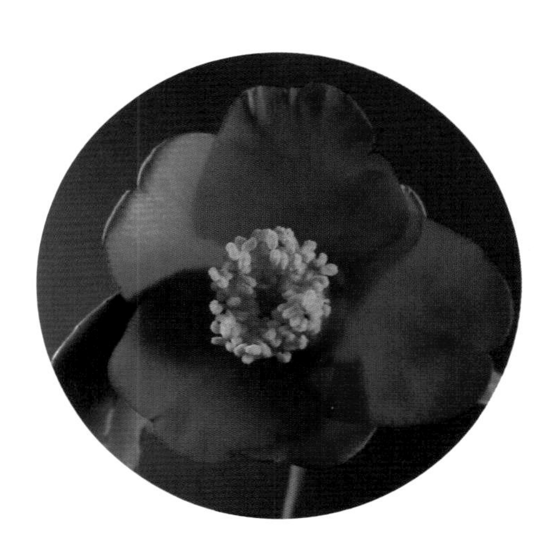

제주 환상숲곶자왈 공원의 가을 동백

제주 환상숲 가을 동백

2021년 11월 19일 제주시 한경면 '환상숲 곶자왈공원'을 들러 이형철 대표님으로부터 곶자왈의 생물다양성에 대한 값진 설명을 들을 수 있었고 갓 피어나는 동백꽃도 볼 수 있었다. 꽃눈이 잘 형성된 동백은 겨울이 지나고 나서야 피는 것이 아니라 가을부터 봄까지 기온만 맞으면 꽃을 피울 수 있어서, 늦가을에도 양지바른 제주와 남해안 섬 지역에서는 종종 토종 동백꽃을 볼 수 있다. 이날 환상숲에서 만난 가을 동백 중의 하나는 화경 5cm 이하 나팔꽃형의 앙증맞은 동백으로 귀여운 모습을 보여주었다.

거제시는 경상남도 동남해 지역의 크고 작은 섬으로 이루어졌으며 지역의 어디서라도 동백이 관찰되고 조경용으로도 많이 심겨 있다. 거제시는 동백과 관련하여 2곳의 천연기념물을 보유하고 있다. 동부면 학동리의 천연기념물 동백숲, 일운면 와현리의 공곶이 둘레길, 거제면 외간리의 거목의 천연기념물 동백나무와 지심도 동백숲을 조사하였다. 거제시는 3월 하순에 개화 최성기를 지나고 있어서 관찰하기 좋았다. 매화꽃은 끝물이었으나 수선화와 백리향은 절정을 이루고 있었다.

3월 20일 찾은 동부면 학동리(천연기념물 제233호)는 인근에 몽돌해변이 있는 관광지이지만 다소 쌀쌀한 초봄으로 관광객은 거의 보이지 않았다. 일운면 와현리 공곶이 둘레길에는 50여 년 전부터 개인이 일궈 온 아름다운 정원이 있다. 이 정원에서는 도입 원예종인 다양한 동백과 애기동백을 볼 수 있었다. 이곳을 지나 오른쪽 둘레길로 산길을 걷다 보면 자생 동백나무 숲을 여기저기 볼 수 있었고, 꽃잎이 긴 나팔형의 특이한 동백도 운좋게 찾아볼 수 있었다. 공곶이 인근에 있는 동백은 붉은 꽃이 많긴 하지만 분홍~진분홍색 동백도 다수 찾아볼 수 있었다.

오후 늦게 찾은 거제면 외간리 동백나무(천연기념물 제111호)는 2그루로 탐사 중에 본 나무 중에서는 밑둥의 둘레가 270cm에 이르는 가장 큰 나무였다. 300여 년 생 이상으로 마을 안에 있어서 신목으로 모셔졌을 것으로 보이며 현재까지 매우 건강한 상태였다. 오래 전부터 넓은 면적에 독립적으로 자라서 그런지 세로로 대교목으로 자라기보다는 가지가 옆으로 길고 넓게 퍼져서 자라고 있다.

지심도는 장승포항에서 유람선을 타고 10분만 들어가면 되는 관광지로 동백과 더불어 해안 경치가 아름답다. 섬에 자라는 나무의 절반 가까이가 울창한 동백나무 숲으로 이루어져 있고, 근원둘레도 100cm급을 어렵지 않게 볼 수 있었고, 키가 상당히 큰 교목도 여기저기 많이 볼 수 있었다. 꽃은 소형으로부터 대형화까지 크기와 모양이 다양하다. 꽃은 분홍색이 거의 없고 홍색과 진홍 및 흑홍색 꽃이 흔한 편이다. 까마귀, 직박구리, 동박새 등도 관찰할 수 있다. 여기저기 동백터널을 산책할 수 있는 곳이다.

거제도 일원은 상록 난대 수종인 동백이 자생하기에 알맞은 기후이고, 외간리 천연기념물 고목으로부터 흑홍동백, 백동백, 분홍동백, 연분홍동백 등 화색이 다양하고, 화형도 다양하게 볼 수 있다. 특히 학동 민가에 심어진 3색동백과 백동백은 다른 지역에서는 찾아보기 어려운 귀중한 컬렉션으로, 잘 보전되어 세월이 흐르면 천연기념물이 될 수 있을 듯싶었고, 동백 애호가들의 탐방 성지로도 거듭날 수 있지 않을까 싶다.

동부면 학동리 동백나무 숲

거제시 남부면과 경계지로부터 동부면 쪽으로 길을 따라오면서 조사하였다. 길가에는 가로수로 심어진 동백도 많았고, 대부분 자생 동백림이 우점하고 있었다. 해안쪽으로 낚시꾼들이 다니는 좁은 길로 간혹 바다가 보였으나 탐방로는 없다. 자생지에 있는 나무들은 밑둥 둘레가 대부분 80cm 이하로 굵은 동백은 없으나 키는 10m 정도로 컸고, 3월 하순경 만개한 꽃색은 홍색 계열이 대부분이고, 진한 분홍색 계열 꽃도 꽤 보였다.

학동리 초입, 학동리 637-2번지의 한 외딴 민가에는 희귀한 흰꽃동백, 분홍 및 연분홍꽃이 한 나무에 피는 분홍삼색동백과 붉은동백이 마당에 심겨져 있다. 거제도 인근에서 오래전에 발견하여 옮겨온 것이라는 신문기사를 검색할 수 있다. 거제시 동부면 학동리 산 1번지는 동백나무 숲 및 팔색조 번식지이며 천연기념물 제233호라고 했지만 관찰할 수는 없었다.

조사는 면 경계지 길옆 부근에서 4개체, 보호울타리가 있는 길옆 부근에서 2개체, 민박집에서 백동백 및 3색동백과 홍색 동백을 조사하였다.

① 거제시 학동 동백림 전망으로, 해안가로 동백숲이 이어진다.

② 동백숲 사이로 아스팔트 길이 관통한다.

자색 잎에 진적색의 작은 꽃으로 만생종이다.
나무는 어리지만 잎이 자줏빛으로 잘 발색한 동백이다.

① 홍색의 중형 사발모양 화형이다.

② 진홍색의 통형~나팔형 중형꽃이다. 줄기 끝에 2송이 이상 피는 다착화성으로 화형도 좋다.

① 화폭은 작지만 화장이 긴 통형꽃이다. 수술은 속이 찬 원통형이다.

② 화폭 5cm 정도의 통형~사발형 꽃이며 잎의 크기가 작다. 다소 만생종이다.

학동 민가에서 만난 귀한 백동백으로 꽃잎은 5~6장의 홑꽃이며 수술은 원통형이다.
밑둥에서 2갈래로 갈라지고 각각 근원둘레 105, 77cm로 100년 이상 나이 먹은 것으로 추정된다.
통형 꽃이지만 꽃잎의 끝부분에서 살짝 뒤로 젖혀진다. 씨도 맺혀서 바닥에 실생 유목도 볼 수 있다.

학동 민가에 심어진 3색동백이다.

한 나무에 분홍색과 연분홍색, 연분홍에 분홍색 줄이 들어간 꽃 등 3가지 꽃이 핀다. 꽃은 중간 크기이며 수형은 위로 곧게 자라는 형태이고, 근원둘레 81cm, 키 7m 정도의 중교목이다. 화형은 통형~나팔형이고 수술은 원통형이다. 꽃색의 빈도는 아래 사진을 보면 연분홍꽃(가운데), 분홍꽃(오른쪽), 연분홍에 분홍줄이 있는 꽃(왼쪽) 순이다. 꽃에 향기가 있다. 한 나무에 여러 가지 색의 꽃이 피는 것은 이변유전자(mutable gene)에 의한 것으로 설명된다.

백동백이 심어진 민가에 있는 진홍색의 동백.
꽃의 크기는 6cm의 중형이며, 통형~사발형 화형이고,
수술은 속이 찬 원통형이다

1

2

3

공곶이 둘레길

경상남도 거제시 일운면 와현리 공곶이 둘레길에는 소나무들이 많이 자라고 여기저기 동백이 자생한다. 인공으로 조성된 유명한 농가형 화원인 공곶이 동백동산에는 50여 년 전부터 조성된 애기동백이나 원예종이 거의 대부분이며 이곳은 수선화와 백리향 등이 방문객들의 오감을 만족케 한다. 차를 주차한 예구마을(포구)에서 310~610m 사이 해안가 경사지에 나 있는 둘레길 주변에 군데군데 자생하고 있다. 홍색도 많지만 분홍동백이 꽤 많았다. 자생군락지는 다른 나무들과 경쟁관계로 동백나무들의 키는 상대적으로 크게(5~10m) 자라고 있었고 총 3그루를 조사하였다.

① 공곶이 둘레길 숲속에 있는 분홍색의 펴진 나팔형~평형의 독특한 화형. 꽃잎이 낱장처럼 보이고 꽃잎 끝쪽으로는 패인 홈이 있다. 6cm 크기의 중소형으로 원통형 수술이다.

② 공곶이 둘레길 숲속에 있는 소형 술잔형의 흑적색 계란형 꽃이 특징으로, 수술은 속이 찬 원통형이다.

③ 공곶이 둘레길 숲속에 있는 분홍색의 나팔형의 독특한 화형. 꽃잎이 개혓바닥처럼 다소 길고 끝이 깊게 갈라져 있다. 6cm 크기의 중소형으로, 원통형 수술이다.

거제면 외간리 동백나무

경상남도 거제시 거제면 외간리 동백나무는 천연기념물 제111호로 보호수이다. 300여 년 전에 외간리 마을에 심어진 거목 두 그루이다. 두 그루는 같은 종으로 키보다는 가지가 옆으로 더 넓게 퍼져 자라는 특성을 보였다. 낮은 철책으로 울타리가 처져 있었고 새들도 많이 찾아왔다. 국내에서 조사한 동백 중에 외간리 동백은 수폭과 밑동이 가장 굵은 나무였다.

나무는 밑둥둘레 270cm의 국내 최대목이고,
꽃은 홍색의 술잔형으로 작다.

① 외간리 동백 전경. 300여 년 생의 천연기념물 2그루로
꽃이나 잎의 형태는 같고, 건강하게 자라고 있다.
수고는 7~8m이고, 수폭은 14~16m이다.

② 외간리 동백의 위용

거제시 지심도 동백섬

경상남도 거제시 일운면 옥림리에 있는 지심도는 장승포항에서 여객선을 타고 들어가야 한다. 첫배는 오전 8:30분에 출항하여 10분 만에 지심도 선착장에 도착한다. 천천히 걸으면 1~2시간 정도면 충분히 둘러볼 수 있는 면적이다. 산책로가 잘 조성되어 있는 관광지형 동백자생지로 고목이 많고 수종도 다양한 편이다. 특히 동백이 밀집해 있는 자생지는 경사지 사면으로 수고 10~15m 대교목도 많다. 꽃의 형태로는 사발형, 통형, 도라지형, 술잔형 등 다양한 모양의 예쁜 꽃이 많으며 분홍색 꽃은 거의 없고 흑홍색 꽃이 많은 편이다. 대형 꽃도 많다. 왕대나무와 큰 소나무림도 있으며 까마귀가 많고 직박구리와 동박새도 있다. 해안가로 시원하고 아름다운 경치를 볼 수 있다.

지심도에는 큰나무와 어린나무가 함께 어울려 동백나무 숲을 이루는 곳이 많다. 돌과 바위 틈 사이로 동백 씨가 떨어져 발아와 생육하기에 좋은 자생지 조건을 갖추었다.

소형 진한 붉은 동백이다. 화형이 동글고 정연하다.
원통형의 화폭 6cm로 중형 크기이지만 낙화된 꽃은 8cm로 크다. 수술의 모양은 통형이다.

근원둘레 155cm로 고목이고, 화형은 통형~나팔형이다. 화폭 6cm, 화색은 진홍색이고 암술이 3개로 또렷하게 갈라진다. 다착화성의 5~6cm 중형 크기의 꽃이다.

해식절벽 전망대 부근의 3.5~4cm 극소형 크기의
술잔형 흑홍색이다. 흐트러짐 없는 정연한 모양이다.

5cm 크기의 연홍색 통형~사발형 동백으로 잎이 작고 화형이 깔끔하다. 다착화성이다.

① 정상 부근 큰소나무가 있는 휴식소 인근의 나팔형 중형 주홍색 동백.

② 동백이 울창한 숲의 고목으로 7cm의 중형 사발형 홍색꽃이다.

① 화폭에 비해 화장이 길고 꽃잎 끝이 뾰족한 중형의 도라지꽃형이다. 잎이 긴 장타원형인 것도 특징이다.

② 흑적색, 화폭 8cm의 큰 사발형 꽃으로 섬마을바다풍경집 앞마당에 있다.

지심도 선착장에서 올라가다 보면 있는 4.5cm의 소형 꽃이 특징적인 동백.
둘레 98cm의 고목이며, 홍색의 작고 예쁜 꽃이 한창이다.

장승포예술문화회관에 식재된 동백 중의 하나로,
화장이 6cm로 길고 화폭이 3cm로 작은 술잔형이 특징이다.

통영은 한때 충무로 불리던 시절이 있을 정도로 충무공 이순신 장군의 유적이 남달리 많은 곳이다. 통영은 육지의 항구를 비롯하여 수많은 섬들로 이루어져 있고, 난대성 기후라 동백을 비롯하여 다양한 활엽상록수가 곳곳에 자생하고 있다. 충렬사와 우도, 두미도의 동백을 탐사하였다.

충렬사는 400여 년 전 이충무공을 기리기 위해 통영 앞바다가 내려다보이는 중산간에 세워진 사당이다. 사당이 세워질 당시부터 심겨 있었을 은행나무, 목서, 매화, 동백 등이 있다. 특히, 동백은 경상남도 기념물 제74호로 지정되어 있는 보호수로 고목이다. 어린 동백나무는 많지만 동백 고목은 2그루로 그 중 한 그루만 천연기념물이다. 직박구리가 상당히 많이 찾아와서 동백꿀을 먹느라 새소리가 요란하다.

우도는 소가 누워 있는 듯한 형상이라 하여 이름이 붙여졌다고 한다. 지금은 연화도와 우도가 도보다리로 연결되어 접근이 쉽다. 우도 선착장에서 언덕 너머에 있는 마을에는 천연기념물 상록활엽수인 거대한 후박나무와 생달나무가 있다.

우도의 한 민가에 선대에 심어졌다는 귀한 백동백, 분홍동백, 붉은동백이 집 뒤편 경사지에 작은 숲을 이루고 있다. 이 마을에서 몽돌해변 방향으로 언덕을 넘어가면서 3월 하순 개화 중·후기의 멋진 동백나무 숲을 만날 수 있었고 근원둘레 90cm 이상의 고목으로 중소형의 분홍색부터 흑적색 꽃을 다양하게 볼 수 있다.

두미도는 통영항에서 뱃길로 2시간 반이 걸린다. 욕지도면, 통영시를 통틀어 가장 높은 산이 있는 외딴섬으로 나물 캐러 들어오는 사람들과 등산을 즐기는 사람들만 주로 찾는 곳이다. 두미도는 조선시대 공도 정책으로 인해 비워져 있다가 120여 년 전에 주민이 이주하여 다시 개척된 섬이다. 남구항은 식당이나 가게가 없다. 남구항으로 내리면 경사진 마을 왼편으로 방풍림으로 남아 있는 100년 생 이상 되는 고목으로 이루어진 동백나무 숲을 볼 수 있다. 남구항에서는 분홍동백과 붉은동백을 볼 수 있었으며, 꽃잎이 9장인 어린 동백나무도 볼 수 있었다. 남구항에서 남쪽으로 순환도로를 따라가면 지금은 한 가구밖에 살지 않는 청석마을이 나온다. 청석마을에 국내에서 자생하는 백동백 중에서 옮겨 심어지지 않은 채로 자라는 밑동 둘레가 100cm 넘어 보이는 가장 큰 나무가 있다. 붉은동백 중에는 향이 나는 동백꽃도 만날 수 있었다. 잘 보호한다면 두미도 또한 통영의 동백 보물섬이 될 수 있어 보인다.

통영의 동백은 충렬사의 400여 년 생 동백부터 섬 지역의 백동백, 연분홍동백, 분홍동백, 붉은동백 및 흑홍색 동백과 향동백까지 다양성을 찾아볼 수 있었다. 대형 꽃도 가끔 보였지만 중소형 꽃이 많은 편이었다. 다만, 사람들이 잘 찾지 않는 섬 지역 희귀 자생동백의 경우 제대로 보호가 안 되어 죽지 않을까 싶은 걱정이 되었다.

❶

❷

충렬사 동백나무

이순신 장군을 모신 사당인 통영 충렬사 동백나무(경상남도 시도기념물 제74호, 통영시 명정동 213)이다. 400여 년 전 충렬사를 조성할 때에 심어진 것으로 추정되는 동백고목 등 당시 심었던 4그루 중 2그루는 고사하고 한 그루는 고사 직전이다. 보호수로 지정된 임시 매표소 아래 화장실 앞 1그루가 꽤 건장하지만 일부 가지에는 버섯이 발생하고 있었다. 이 나무는 경상남도 시도기념물이고 햇볕을 잘 받아서 꽃을 많이 달고 있다. 따뜻한 해에는 1~2월부터 개화하지만 2018년에는 다소 늦어져서 3월 중순에 개화 최성기였다. 직박구리가 꿀을 먹기 위해 매우 분주하게 찾아오고 있었다. 고목 외에 여러 그루의 작은 동백나무가 많이 심겨 있고 원예종인 붉은겹동백도 심겨 있었다.

충렬사 동백꽃의 꿀을 찾아온 직박구리

① 통영 충렬사

② 충렬사에 있는 동백으로 수고와 수폭이 7m 정도이다.

① 충렬사에 있는 어린 동백나무로 6cm 크기의 꽃이 밝은 홍색의 통형과 원통형 수술을 보이는 화형이 좋은 개체이다.

② 경상남도 기념물인 동백나무는 진홍색의 통형이며 중소형(5cm) 꽃으로 꽃잎이 약간 주름져 있고, 속이 찬 원통형 수술이며 다착화성이다. 수령이 400여 년은 넘었을 것으로 보이며 수고와 수폭은 7m 정도이다. 고목의 위용이 멋지다. 밑동 둘레는 196cm의 고목으로 3월 말은 개화 후기이다. 떨어진 꽃이 아름답다. 빠르면 1~2월부터 개화를 시작한다고 한다.

우도의 동백자생림

우도

우도는 통영항에서 카페리로 1시간 거리에 있는 연화도에 이웃한 섬으로 2018년 여름 인도교로 연결되었다. 우도는 0.6km^2의 작은 섬으로 백악기의 각력암과 안산암 지대이다.

욕지면 우도길 112에 있는 송도호 민박집 뒤편 경사면에 천연기념물인 거대한 후박나무와 생달나무 근처에 희귀종 “흰동백과 연분홍동백 및 붉은동백”이 있다. 전 이장 김홍기(79) 씨의 소유인데 예전에 집 뒤 울타리로 심었다고 한다. 우도는 섬 전체적으로도 동백 고목이 많았고 꽃의 색은 연분홍부터 검붉은색까지 다양했다. 연화도와 우도 사이에 있는 작은 섬인 비하도에도 연분홍동백을 봤다는 박균 이장(1958년생)의 말을 들었으나 확인하지는 못했다.

① 천연기념물 후박나무 인근의 흰동백이다.
연분홍색 동백나무 옆에 있다. 통형의 소형(4.5cm)이며 수술은 원통형이다.

② 몽돌해변 인근에 있는 분홍색 통형~나팔형이며,
꽃 크기는 중형(6cm)이고 꽃색은 붉고 수술은 속이 찬 원통형이며 화형이 좋다.

③ 몽돌해변 인근에 있는 분홍색 통형~나팔형 꽃이며 꽃 크기는 중형(6.5cm)이
수술은 원통형이다.

① 천연기념물 후박나무 인근의 연분홍색 동백꽃.
중소형의 통형이며 수술은 원통형이다.

② 천연기념물 후박나무 인근의 붉은색 동백꽃.
사발형의 중형(7.5cm)이며 수술은 원통형이다.

③ 중대형(8cm) 사발형 꽃,
크고 밝은 붉은꽃이며 수술은 원통형이다.

④ 몽돌해변 인근에 있는 분홍색 통형~나팔형이며,
꽃의 크기는 중형(6.5cm)이고 수술은 원통형이다.

⑤ 몽돌해변 가는 언덕길 동백숲에 있는 진홍색 사발형
동백으로 꽃잎이 3장은 크고 2장은 작다.

남구마을 동백숲을 조사중인 안완식 박사.

두미도

통영항에서 아침 7시에 승선하여 2시간 반이 걸려 도착할 수 있는 욕지도면 두미도는 2개의 항구가 있다. 당일 방문 일정이었기에 그 중에서 남구항 마을과 청석 마을만을 탐사할 수 있었다. 오래된 고목으로 근원경 1m급 나무만 해도 수십 그루가 되고 중소형 붉은 꽃이 대부분이며 분홍동백 한 그루와 민가에서 또 한 그루를 조사하였다. 남구항 마을 북쪽 전망대 쪽으로는 경치는 좋은데 고목 크기의 동백은 거의 없었다.

남구항에서는 분홍동백과 붉은동백을 볼 수 있었으며, 마을 맞은편 북쪽 해안가 전망대 길에서는 꽃잎이 9장인 어린 동백나무도 볼 수 있었다. 꽃잎이 8장 이상인 동백꽃부터 겹동백으로 본다. 남구항에서 남쪽으로 순환소방도로를 따라가면 지금은 한 가구(문윤용 씨)밖에 살지 않는 경치 좋은 청석마을이 나온다. 인근에는 근원경 2m급 고목 붉은 동백나무가 건강하게 있었는데 이 나무는 120여 년 전 마을 개척 이전부터 있던 나무라고 했다. 이 집에서 남구항 쪽으로 올라가는 옛길 위쪽에 흰동백 고목이 있다. 칡덩굴에 덮여서 거의 눈에 띄지 않았지만 남부 지역 백동백 중에서 밑동이 가장 큰 것으로 보였다. 나무가 아직은 건강하나 몇 년 지나면 칡덩굴에 가려서 생육이 어려워 보였다. 밑동으로 보면 최소 100년은 넘어 보여서 이 백동백 나무도 마을 개척 이전부터 있던 나무로 보였다. 학동과 우도의 백동백과 달리 꽃이 약간 길어 보였다. 또한 두미도에서 개체 조사는 하지 않았지만 붉은동백 중에는 향이 나는 동백꽃도 만날 수 있었다. 두미도 또한 통영의 동백 보물섬이 될 수 있도록 잘 보호되기를 바라는 마음이다.

남구마을 북쪽 전망대 인근에 있는 어린나무로 주홍색의 나팔형 꽃이며,
크기는 중대형(7cm)이고 수술은 속이 찬 원통형이다.

① 남구마을 민가에 심어진 붉은색 소형(4.8cm)의 통형 꽃이며,
수술은 속이 찬 원통형이다. 꽃잎에 흰색 무늬가 약간 있는 것이 특징적이다.

② 두미도 청석마을의 백동백나무. 밑둥이 2개로 갈라져 있지만 옮겨
심어지지 않은 국내 자생지 백동백 나무 중에서 밑동 둘레가 가장 크다.
5cm 소형의 통형 꽃이며 수술은 속이 찬 듯한 원통형이다.
꽃의 길이가 다른 백동백보다 다소 길어 보인다.

① 남구마을 방풍림 동백숲에 있는 통형~사발형의 분홍색 꽃으로,
꽃의 크기는 중형(6cm)이고 수술은 속이 찬 원통형이다.

② 경남 사천에서 만난 백동백

울산광역시는 경상남도 동남부 지역에 위치한 해양성 기후로, 동백이 자생해 온 것으로 알려져 있다. 울산 앞바다에 있는 섬 목도는 천연기념물로 지정되어 지금은 보호를 위해 일반인에 개방하지 않는 상록수림으로, 이곳에 많은 동백나무가 자생하고 있다. 울산광역시 목도에는 가지가 처진 하수형 동백도 있다고 한다. 울산광역시청 및 울산광역시 중구청 학성공원에는 임진왜란 때 일본으로 유출되었다가 돌려받은 동백나무가 있다. 일본명은 "오색팔중산춘"(五色八重散椿)이고, 『십유도명소도회(拾遺都名所圖繪)』에는 처음 이름이 장명춘(長命椿)이었다고 한다. 한국말로 풀어 쓰면 "여러색겹꽃피기흩지기동백"으로 부를 수 있겠다(정우규, 「울산저널i」 2022년 3월 30일). 최근에 울산광역시 중구청에서는 "울산동백"으로 부르고 원산지인 학성공원에도 유목을 심어놨다.

조선에서 일본으로 가져간 또 다른 동백 중에 유명한 것으로 타조춘(侘助椿:와비스케동백)이 교토의 용안사 정원에 심겨 있다. 푯말에는 토요토미 히데요시[豊臣秀吉]가 조선으로부터 전래한 일본 최고의 와비스케동백으로 적어 놓았다.

울산광역시청에 1992년에 심어진 울산동백으로, 키는 2.8m에 근원둘레는 45cm이다.
각각의 꽃의 색깔이 조금씩 다른 것을 볼 수 있으며 꽃잎이 낱장으로 흩어떨어진다.

울산광역시청 및 울산광역시 중구청 학성공원

울산광역시 청사 앞에 있는 울산동백의 일본명은 "오색팔중산춘"(五色八重散椿)이고, 한국말로 풀어 쓰면 "여러색겹꽃피기흩지기동백"으로 부를 수 있겠다. 최근에 울산광역시 중구청에서는 "울산동백"으로 부르고 원산지인 학성공원에도 유목을 심어놨다. 임진왜란 당시 이곳을 점령한 왜장 가토 기요마사[加藤淸正]가 우연히 발견하고 화려한 자태에 반해서 일본으로 가져가 토요토미 히데요시[豊臣秀吉]에게 바쳤다. 토요토미는 다도를 위해 즐겨 찾던 교토 시의 지장원이란 절에 기증하였는데, 이로써 이 절은 오색팔중산춘(五色八重散椿) 때문에 춘사(椿寺)로 불릴 정도로 유명한 절이 되었다. 이때 심었던 1세대 나무는 400여 년 간 풍상을 겪다가 1983년 밑둥치만 남기고 고사하였으며 100여 년 전 삽목 번식한 2세대가 심겨져 아름다운 꽃을 피운다.

1992년 5월에 3세대 동백이 국내에 어렵게 귀환되어 현재 울산광역시 시청사 경내에서 울산동백으로 명명되어 자라고 있다. "오색팔중산춘"이라 한 것은 흰색, 분홍색, 붉은색과 함께 흰색에 분홍 줄이 있는 것, 연분홍에 분홍 줄이 있는 것 등 5가지 꽃이 한 나무에 피어서 "오색"이라고 하지만, 각각의 꽃의 색이 조금씩 다 다르게 나타나서 여러 가지 색의 꽃이 핀다는 의미이다. 더구나 국내 자생지에서는 찾아볼 수 없는 꽃잎이 15~25장

① 울산동백에 나타나는 분홍색 꽃과 흰 꽃 바탕에 분홍 줄이 들어간 꽃.
잎이 장타원형이고 줄기 끝 부분의 잎 2~3장은 유난히 작아 보인다.

② 울산동백에서 꽃잎 한 장만 분홍으로 나오기도 한다.

인 3~5겹꽃이라 "8중(semidouble)"이고, 꽃잎이 통으로 떨어지지 않고 낱장으로 떨어진다고 하여 "산춘(흩지기)"이란 이름을 붙였다고 한다. 이어서 울산광역시 중구청은 2015년에 원산지인 학성에도 울산동백 유목 6그루를 입수하여 정상 부근에 심어 보호하고 있다.

울산동백처럼 한 나무에 5가지 꽃이 피어나는 것은 유전적으로 이변 유전자(mutable gene)에 의해 발현하는 아조변이(bud mutation ; 생장 중인 가지 및 줄기의 생장점의 유전자에 돌연변이가 일어나 둘셋의 형질이 다른 가지나 줄기가 생기는 현상)로 보인다. 어린나무에서는 5가지 색이 모두 나오기 어렵지만 성장하여 가지가 많이 발생하면 모든 색 변이가 나온다. 울산광역시청에 있는 나무는 2018년 방문 당시 주차장 확장공사로 인해 본래 심어졌던 곳에서 다른 곳으로 옮겨지면서 왕성했을 때보다 세력이 많이 약화되어 안타까움을 더했다. 3월 말부터 개화가 시작되는 것으로 설명되어 있다.

이 책에 실린 사진은 2008년 4월 5일에 저자가 울산광역시청 앞 정원에서 촬영한 것이다. 1992년에 심은 울산광역시청의 나무는 공사 중이라 최근에 다시 자리를 옮겨져서 스트레스를 많이 받아서 생육 상태가 좋지 않았다. 2015년 울산광역시 중구청 학성공원에 심은 6그루 나무는 유목이었다. 학성공원에는 다양한 원예종 동백도 있었으며, 매년 3월 말부터 동백축제를 한다.

① 울산동백에서 보이는 흰 바탕 꽃잎에 분홍줄이 있으며 수술도 살짝 보인다.

② 울산동백에서 나타나는 분홍색 겹꽃으로 수술이 퇴화하여 안보이는 꽃도 있다.

울산동백에 보이는 분홍꽃으로 꽃이 만개하면 평형에 가까운 화형이 된다.

① 울산동백에 보이는 연분홍에 가까운 꽃으로,
꽃잎 끝쪽으로 가면서 테두리에 흰색이 보이기도 한다.

② 울산동백에 보이는 굵은 분홍줄이 나타난 꽃.

여수시는 남해안 중간에 있는 지역으로 난대성 기후를 보여 동백이 자생하기에 적당하다. 오래전부터 동백섬으로 유명한 오동도가 있으며, 육지와 다리로 연결된 돌산도에도 자생동백이 많다.

돌산도 남단 임포마을은 유명한 사찰인 향일암이 있는 곳으로, 이곳에는 밑동 둘레 2m 이상의 국내 최대였다는 신목 동백나무가 있다고 책에 알려져 있다. 그러나 마을에서 수소문한 결과 오래전 큰 태풍에 쓰러져서 지금은 사라졌다고 하여 큰 아쉬움을 남겼다. 향일암을 오르는 길가 여기저기에 동백이 보이고 붉은 동백과 분홍동백 고목 수십 그루가 있다.

오동도는 엑스포가 열렸던 여수항에서 둑으로 연결되어 있어서 걸어서 들어갈 수 있었다. 워낙 유명한 동백 관광지로 소나무와 대나무도 있지만 대부분은 5~10m 크기의 동백나무가 빽빽하게 경쟁하듯이 자라고 있다. 새로 식재된 동백 중에는 겹꽃의 원예종도 보였다. 오동도는 동백꽃이 필 무렵이면 수많은 관람객이 찾아오는 테마파크형 동백나무 숲으로 탐방로가 잘 조성되어 있어 여유 있게 산책하면서 꽃구경을 하기에 좋다. 하지만 바닥에 종자가 떨어져 자생하는 유목은 거의 찾아보기 어려웠다.

여수시 오동도의 동백고목과 윤성희 소장.

돌산도와 오동도

여수시 최남단 돌산도 임포마을 한솔모텔횟집식당에서 아래 바다쪽 급경사면 10여 미터 아래쪽에 중형의 붉은동백과 분홍동백 고목들 수십 그루가 숲을 이루고 있었다. 이 중에서 개화 최성기의 분홍동백 한 그루를 조사하였다.

여수시 수정동 오동도 동백섬은 신항 부두와 연결되어 접근이 쉽다. 오래 전에 밑동이 벌목되면서 새로 많은 가지가 나온 듯, 가지들이 많이 벌어져 있고 숲이 빽빽하여 길게 도장하여 자라는 나무가 많고 이로 인해 근원둘레 조사가 큰 의미는 없었다. 동백 3,000여 그루 중에 큰 나무의 수령은 100여 년 생 이상 되는 것도 꽤 보인다. 꽃의 크기는 중·소형 동백이 많은 편으로 수술은 속이 찬 원통형이 많고, 새는 직박구리가 많다. 동백꽃의 개화기는 3월 하순이 절정기로 보인다. 소나무 숲, 대나무 숲, 구실잣나무, 시누대 숲도 있다. 오동도에는 도입 식재된 겹꽃 동백 품종도 간혹 보였다.

① 돌산도 남단 임포마을의 해안가 경사지에 있는 통형의 분홍동백으로 크기는 5cm 중소형이고 수술은 원통형이다. 근원둘레 108cm로 고목이며 키도 10m 정도 되었다.

② 여수시 오동도 등대 근처에 있는 6cm 중형의 나팔형 꽃이며 속이 찬 원통형 수술이고, 수고 8m 수폭 8m 로 밑동에서 8갈래로 갈라지는 고목이다.

자생지에서 관찰한 동백꽃
여수시

금오도, 안도 동백

금오도는 여수에서 배를 타고 들어가야 하는 섬이다. 여객선이 자주 있으며 비렁길(비탈길)로 유명한 여수시 남면 금오도를 찾아 동백을 탐사했다. 5개 코스 모두 난대상록수종을 많이 볼 수 있으며, 어느 곳에서나 동백나무를 찾아볼 수 있다. 섬이 크다 보니 하루에 다 돌아보기는 어려우며 하루 더 머물며 천천히 걸으면 백동백 뿐만 아니라 분홍동백과 검붉은 동백 등 다양한 크고 작은 동백꽃을 거의 다 감상할 수 있다. 3월 20일경 춘분 무렵 개화 절정기를 보이며 특히 3코스의 동백터널은 많은 사람들의 사랑을 받고 있다. 개교 100주년이 넘는 여남초등학교 교내에는 근원둘레 160cm 이상 되는 토종동백 고목도 여러 그루 볼 수 있다.

여수시 안도는 금오도와 다리로 연결된 인접된 섬이다. 금오도로 배를 타고 들어와서 연계하여 관광하는 경우가 많고, 섬의 둘레길을 원점 회귀하여 반나절이면 돌아볼 수 있다. 안도 둘레길에는 일반적인 토종동백 외에 분홍동백과 꽃가루가 퇴화하여 없는 특이한 변종 동백도 볼 수 있었다.

① 여수 금오도 송광사 터 인근 방풍림 사이에 있는 소형 백동백

② 흑적색 소형동백

① 안도에서 본 초소형의 특이한 개체로 나팔형이며 꽃가루가 없는 분홍동백이다.
일본에서는 이런 동백을 '와비스케(侘助)' 동백으로 분류하여 특별하게 여긴다.

② 금오도에서 분홍동백은 의외로 흔한 편이다. 분홍색도 좀 더 진한 것부터 연한 것까지 보인다.

③ 진붉은 꽃색에 평형꽃잎 동백.

④ 두포(초포)의 마을 화단에서 볼 수 있는 백동백과 분홍동백.

여수 안도의 분홍동백

전남 광양시 옥룡면 추산리 산 35-1번지 일원에는 천연기념물 제489호인 옥룡사지 동백나무 숲이 잘 보전되어 있다. 산지 동백나무 숲이 아름다운 옥룡사지에는 절터만 남아 있고 신라시대 방화림으로 심어졌을 듯한 동백이 7,000여 그루나 된다. 백계산을 뒤로하고 남향으로 확 트인 곳에 7~10m 중교목의 동백나무를 많이 볼 수 있고, 바닥에는 씨가 떨어져 자생으로 자라는 유목도 많이 볼 수 있다. 주변의 공터에 동백나무 식재 작업이 계속되고 있었고, 유원지형이 아니라서 사람들로 북적대지 않고 느긋하게 산지형 동백나무 숲을 산책하기에 알맞다.

자생지에서 관찰한 동백꽃
광양시

옥룡사지

천연기념물 제489호인 옥룡사지 동백나무 숲은 505m가 정상인 백계산 남향의 산간지대에 자생 및 식재된 동백나무 군락으로 7,000여 그루의 동백나무 숲으로 조성되어 있고, 동백나무 숲 주변으로는 소나무 숲이 둘러싸여 있다. 3월 말에 찾은 옥룡사지 동백나무 숲은 새와 벌이 아주 많이 찾아왔다. 꽃은 분홍부터 홍색까지 다양하고 꽃의 크기는 대형이 많았고 화형은 통형과 나팔형이 많고 소형과 술잔형은 많지 않았다. 개화기는 2~4월이고 3월 하순에 만개한다. 큰 동백나무 밑에는 실생 유목이 많이 자라고 있다.

광양시 옥룡사지 동백나무 숲은 천연기념물 제489호로 중산간 지대에 넓게 자리한다. 생태적으로 잘 보전되고 있다.

6cm 중형의 통형~나팔형 홍색꽃이며 원통형 수술이다.
개화기는 조중생종이고 근원둘레 97cm의 고목이다.

연홍색의 7cm 중대형 통형으로 수술은 원통형이다.
개화가 빠른 편이다.

천관산수목원

산림청이 관할하는 천관산수목원이 있는 전남 장흥군 관산면 천관로 일원은 동백이 오랜 세월에 걸쳐 자생해 왔다. 이곳은 20ha나 되는 동백자생림으로는 국내 최대 규모인 오염되지 않은 광활한 숲을 자랑한다. 번잡한 유원지형 관광지가 아니라 생태적 간섭을 피하고 동백 보호를 위해 잡목 등은 간벌이 많이 이루어진 상태이다.

여러 세대의 동백이 함께 자라고 있으며, 토양은 크고 작은 돌이 많고 골짜기에는 물도 계속 흐르고 있었다. 동백에 벌과 새가 매우 많이 찾아왔다. 탐방로가 잘 갖추어진 편이며, 남산제비꽃과 얼레지도 곳곳에 피어 있었다.

화형은 통형부터 나팔형까지 다양하고, 꽃은 연분홍부터 진홍색까지 다양하다. 꽃의 크기는 소형부터 대형까지 다양하고, 키는 8m급의 고목도 많았다. 3월 말이 개화 최성기이며, 꽃의 개화 시기가 빠른 개체부터 늦은 개체까지 다양하였다. 숲 위쪽에는 “천하제일 천관산동백숲”이라는 돌비석이 세워져 있듯이, 누가 보아도 정말로 웅장하고 아름답고 자랑스러운 동백숲이다.

① 장흥군 천관산 동백은 꽃색, 꽃모양,
꽃의 크기가 다양한 변화를 보인다.

② 길가에 있는 나무로 천관산 진홍색 중대형(7cm),
꽃잎 끝이 갈라지고 타원형 잎의 끝이 길다.

③ 8cm 중대형의 나팔형 분홍꽃이며, 원통형 수술이다.

④ 천관산 소형의 통형 분홍꽃. 수술은 원통형이다.

4.5cm 소형의 홍색 통형 꽃이며,
수술은 원통형이다.

잎이 장타원형이고, 꽃은 홍색의 사발~나팔형 6cm의
중간 크기이다. 원통형 수술이다. 수고 7m급 고목이다.

5.5cm의 분홍색 원통~나팔형이고
수술은 원통형이다.

① 꽃은 7.5cm 크기의 중대형 홍색이며, 사발형이고 수술은 원통형이다.
꽃잎이 쭈글거리는 것이 특색이다. 수고 8m급 고목이다.

② 6cm 크기의 연분홍색 통형이며, 꽃잎은 6장이며 원통형 수술이다.
수고 8m급 고목이다.

① 6cm 중형의 흑홍색 나팔형 꽃으로 원통형 수술이다. 수고 8m급 고목이다.
낙화가 잘 안 되어 가지 끝에 마른 꽃잎이 그대로 남아 있었다.

② 홍색의 중형 통형꽃으로, 수술 끝이 좁아져 닫히는 원통형이다. 수고 7m급 고목이다.

③ 장흥 호두박물관 인근 분재원에서 소장한 향기나는 백동백이다.
꽃이 6cm 정도로 작고 수술은 장단혼합형이며 순백색의 통형 꽃이다. 약한 향을 내는 귀한 꽃이다.

백련사 동백군락

초의선사와 천연기념물 동백으로 유명한 강진군 백련사를 찾았다. 500년이 넘는 역사를 자랑하는 백련사는 방풍림, 방화림으로 오랜 기간 식재되었을 동백이 5.2ha에 1,500여 그루가 자라고 있다.

개화기는 2월 초부터 3월 말까지이다. 키는 10m 이상 되는 대교목이 많았고, 근원둘레도 1m 이상 되는 고목이 흔했다. 숲에는 동백 이외에도 비자나무도 있었으며 많은 벌과 새들이 동백을 찾았다. 꽃의 크기는 중소형이 많아 보였다. 꽃의 색은 분홍부터 홍색까지 살펴볼 수 있었다. 관광객이 많은 곳이라 생태계는 사람에 의한 간섭을 많이 받고 있었다.

백련사 천연기념물인 동백림은 방화림과 방풍림 역할을 하며, 오래된 나무들이 많다.

① 백련사 사천왕상 지나면 서 있는 수고 15m 넘는 대교목의
근원둘레 124cm의 고목으로 작은 술잔형의 주홍색 꽃이 특징이다. 원통형 수술이다.

② 백련사 왼쪽 숲에 있으며 5cm 중소형 진홍색 사발형이다. 수술은 원통형이다.

백련사 사천왕문 옆에 있는 5cm 중간 크기 밝은 홍색의 통형으로 화형이 좋다.
끝이 좁아지는 원통형 수술이다.

백련사 부도탑 남쪽편에 있는 수고 10m의 고목,
꽃의 지름 6cm 크기의 중소형 나팔형 붉은 꽃이다.

① 백련사 계단 앞의 6cm 중형 분홍색이고 화형은 통형~나팔형이다. 끝이 약간 좁아지는 원통형 수술이다.

② 백련사 부도탑 근처에 있는 근원둘레 115cm의 5cm 중형 주홍색 꽃이고 통형~사발형이다. 수술은 통형이다.

해상왕 장보고로 유명한 완도군은 전에는 섬으로만 이루어진 전라남도 최남단 지역이었지만, 지금은 완도 주요 섬들이 해남군과 장흥군에서 다리로 연결되어 있다. 청산도, 노화도, 보길도와 수많은 섬들은 아직도 배편을 이용해야 접근이 가능하다. 한반도 최남단에 위치한 따뜻한 난대성 기후로 다양한 난대 상록활엽수들이 동백과 함께 숲을 이루며 잘 자라는 조건을 갖추었다. 완도군 보길면 보길도, 완도읍의 전남청소년수련원 인근, 완도 난대수목원, 약산면 가사리해수욕장 상록수림과 동목항 동백나무숲을 탐방하였다.

완도군 삼두리 전남청소년수련원 인근 해발 50~200m에 위치한 자생동백나무숲의 규모는 20ha 정도로 상당히 넓어서 장흥군 천관산과 비슷한 규모이지만 동백나무 수령으로 보면 천관산이 좀 더 오래됐을 것으로 보인다. 2월 하순, 아직 개화 초기였지만 직박구리와 꿀벌이 많이 찾아오고 있었다.

완도 난대수목원은 다양한 온대식물을 식재하여 연구, 탐방이 가능한 곳으로 외국에서 도입한 다양한 *Camellia*속(屬) 유전자원을 별도의 온실에서 유지하고 있었다. 약산면 가사리해수욕장은 상록활엽수가 많은 혼합림이었고 동백이 많은 편은 아니었다. 약산면 동목항 뒤편 언덕으로는 넓은 동백나무자생림이 있고 치유숲체험장으로 개발하는 공사가 이루어지고 있었다. 공사로를 따라가 보면 동백이 다른 나무들과의 경쟁으로 줄기는 굵지 않지만 키는 5m 이상 길게 자라는 것을 볼 수 있었다.

보길도는 제주를 제외하면 가장 따뜻한 지역으로 해에 따라서는 늦가을부터 동백이 피기도 한다. 주요 조사 지역은 세연정 일원, 황포항 일원, 정자리 고택, 부황리 민가, 보옥리 공룡알해변 등이었다. 개화기가 최성기를 이미 지나고 있었지만 조사하는 데는 무난하였다. 오래된 고목을 많이 볼 수 있었으며, 화형이나 크기, 화색도 매우 다양한 변이를 보여주었다. 특히 정자리 고택에 심겨 있는 백동백, 흑동백, 분홍동백은 개인이 수집한 자생동백 중에서 남다른 가치를 보여주고 있다.

완도 삼두리 동백숲

완도군 군외면, 약산면

군외면 삼두리의 전남청소년수련원 인근의 동백숲은 40~50여 년 생이 대부분으로 고목은 찾기 힘들었다. 3월 중하순에 개화 절정이었으며 중소형 크기의 꽃이 대부분이고, 홍색 꽃이 많지만 분홍색 꽃도 보였다. 꽃의 모양은 통형이 많았고 사발형과 나팔형도 간혹 볼 수 있었다. 햇빛을 잘 본 나무들은 꽃을 풍성하게 달았고 많은 새와 벌들이 찾았다.

완도 난대수목원은 전남 산림자원연구소에서 완도군 군외면 대문리 일원에 조성, 운영하는 난대식물 수목원이다. 난대림은 연평균 기온이 14℃ 이상이고 1월 평균기온이 0℃ 이상으로 강우량은 1,300~1,500mm에 달하는 온화한 지역을 말한다. 다양한 상록활엽수가 잘 자라는 곳이다. 완도 난대수목원 야외에 조성된 동백나무 자원림은 해외에서 도입된 원예종 위주로 원예종으로 보이는 애기동백(*Camellia sasanqua*)도 몇 종이 보였다. 비닐 온실에는 중국 등 아열대 지역으로부터 도입된 동백자원(*Camellia spp.*)이 식재되어 있어 해외 동백 유전자원의 다양성을 볼 수 있다.

완도 약산면 가사리해수욕장 방풍림에 있는
홍색, 통형의 도라지꽃잎 모양이며, 수술은 원통형이다.

자생지에서 관찰한 동백꽃
완도군

숙소였던 완도읍 완도항에 조성된 정원은 돈나무, 먼나무, 동백나무 등 지역의 난대 수종으로 가꾸어져 있었다. 이곳에서 화형이 좋은 분홍동백 1개체를 조사할 수 있었다.

약산면(약산도)의 가사리해수욕장 방풍림은 자그마한 모래 해수욕장 뒤편에 자연적으로 조성된 숲으로 거대한 구실잣밤나무가 우점종이며 동백나무가 많지는 않다. 이곳에서 도라지형과 중소형인 2개체를 조사하였다. 개화 최성기는 3월 중·하순으로 예상되었다.

약산면 동목항 뒷산쪽으로 치유숲 조성현장의 동백나무숲을 찾았다. 돌밭에 밀생하는 동백림으로 밑동에서부터 많이 갈라지고, 빽빽하게 경쟁하듯 자라서 키가 5m 이상 되는 것이 많았다. 해안 전망이 좋은 곳이며, 치유의 숲 조성공사로 인해 동백나무숲을 가로질러 길을 내고 있었다.

완도 약산면 가사리해수욕장 방풍림 위쪽에 있는 홍색 동백이다.
3~4cm 작은 술잔 모양이며, 수술은 거의 속이 찬 원통형이다.

① 삼두리 동백숲은 전형적인 소형의 통형 꽃이 대부분이다.
② 동백숲에서 본 홍색꽃과 분홍색 꽃.
③ 삼두리 동백숲에서 나팔형도 보인다.

햇빛을 잘 본 나무는 꽃을 많이 달고 있다.

삼두리 동백숲은 산벚꽃이 필 무렵에 개화 최성기이다.

완도 은초록식물원

2008년 탐매여행과 함께 떠났던 남도 동백 탐사길에 우리나라에서 거제시 학동에서 본 백동백 다음으로 완도 백동백을 당시 완도읍 가용리 완도수산고등학교 옆 은초록식물원에서 두 번째로 보았다. 김OO 원장이 완도에서 수집해 와 당시에 벌써 19년째 삽목 증식하여 팔고 있다고 하였으니 수집한 때가 지금으로부터 31년이나 된 것이다. 순백색으로 학동 백동백보다 꽃이 크고(8cm) 사발형에 가깝다. 수술은 원통형이다.

완도읍 가용리 완도수산고등학교 옆 은초록식물원에서 찾은 백동백.
꽃은 사발형에 가까운 통형 수술이며 8cm 크기이다.

보길면 보길도 세연정 일원 동백

세연정은 전남 완도군 보길도(보길면) 부황리에 조선 중기 윤선도(1587~1671)가 조성한 정원으로 명승 제34호(보길도 윤선도 원림)로 지정되어 있는 곳 중의 하나이다. 윤선도는 병자호란 때 제주도로 가려다가 보길도의 매력에 빠져 이곳에 정원을 가꾸고 13년 간 머물렀다.

해남군 땅끝항에서 전날 저녁 숙박을 하고 2018년 4월 5일 이른 아침 6시 30분발 카페리 첫 배로 30분 만에 노화도 산양진항 선착장에 내렸다. 자가용으로 산양진항에서 10분을 가면 보길도와 이어지는 연도교가 나오고, 이 다리를 건너면 바로 보길도가 나온다.

노화도와 보길도 모두 확연한 난대지역으로 가로수나 길가의 정원과 가가호호 동백나무 몇 그루씩은 심겨 있다. 바람이 많은 섬 지역 기후 탓인지 집들은 제주도마냥 돌담이 유난히 많다.

세연정은 보길초등학교와 인접해 있다. 동백나무들은 100년 이상 되어 보이는 다수의 오래된 고목으로부터 몇 년에서 몇십 년 이내 식재한 동백들까지 정원 내에 함께 조성되어 있다. 특징으로는 다른 지역보다 대형화가 많아 보였고 꽃색은 붉은색과 진분홍이 많은 편이었다.

세연면옥 내에 있는 교목으로 진한 주홍색 나팔형이며
9cm 크기의 대형 꽃이고 수술은 원통형이다.

① 초등학교 울타리에 있는 홍색의 5cm 크기의 나팔형이며, 수술은 속이 찬 원통형이다.

② 초등학교 울타리에 있는 주홍색의 6cm 크기의 통형이고 수술은 원통형이다.

세연정 안에 있는 6.5cm의 분홍색으로 통형~나팔형이며, 수술은 원통형이다.

① 세연정 안의 홍색의 8cm 중대형 사발형 꽃으로,
수술은 원통형이고 꽃잎은 다소 주름이 있다.

② 세연정 안에 이식된, 7cm 크기의 진홍색 꽃으로
사발형~도라지형이며, 수술은 원통형이다.

① 세연정 서대에 있는 흑홍색의 6.5cm 크기의 통형 꽃이며, 수술은 원통형이다.

② 세연정 서대에 있는 홍색의 5cm로 작은 도라지형 꽃이며, 수술은 속이 찬 원통형이다.

③ 세연정 동대와 서대 사이에 있는 진분홍색 8cm 크기의 중대형 사발형 꽃이며, 수술은 원통형이다.

① 세연정 판석보 건너편의 4.5cm 크기의
소형 홍색이며, 수술은 원통형이다.

② 세연정 판석보 인접해 있는 분홍, 앙증맞은
소형 5cm 크기의 통형이며, 수술은 원통형이다.

① 세연정 판석보 끝에서 오솔길로 50m 떨어져 있는 진홍색 5cm 크기의 통형이며 수술은 원통형이다. 꽃잎 끝 모양이 특이하다.

② 보길도 세연정 일원의 다양한 동백꽃. 크기, 색깔, 모양이 제각각 다르다.

보길도 공룡알해변의 동백방풍림

보길도 공룡알해변과 보옥마을 동백

보길도 최남단에 있는 삼각형처럼 뾰족한 보족산 옆에는 공룡알처럼 둥글둥글한 큰 돌들이 해변을 이루고 있다. 보족산이 있는 마을에는 오래된 해안가 방풍림 동백나무 숲도 있고 마을 여기저기 마당에도 동백이 심겨 있다. 공룡알해변에 있는 동백나무 숲은 키가 너무 커서 개별적인 조사를 하지 못하였고 꽃의 모양이 다른 동백을 모아 합동사진만 찍고 보옥마을로 들어와 노인정 맞은편 집 마당에 있는 검붉은 동백 한 그루를 조사하였다.

공룡알해변의 특징은 방풍림으로 키가 10m 정도로 큰 편이고 수령이 많은 것이 특징이었다. 꽃의 색은 분홍에서 홍색까지 보였고 중형 크기의 통형 꽃이 많았다. 숲에는 바람에 쓰러진 대형 벚나무도 있었지만 동백나무는 쓰러진 것이 한 그루도 보이지 않았다. 바닥은 공룡알 크기의 돌밭 위에 조성된 숲으로 동백나무의 뿌리가 얼마나 땅속 깊이 들어가는지 가늠해 볼 수 있었다. 줄기의 위쪽에 주로 잎이 있었다. 인근 해안가에서는 갯무가 꽃이 핀 것을 볼 수 있었다.

보길도 보옥리의 민가에 있는 흑홍색의 5cm 크기의 통형~도라지꽃 형으로,
수술은 속이 찬 원통형이다.

보길도 보옥리의 공룡알해변 방풍림 속에서는
다양한 크기, 색, 모양의 동백꽃을 볼 수 있다.

보길도 정자리 김양재 고택의 당호 “심원위재”

보길도 정자리 심원고택 동백

"심원위재" 현판이 멋있는 경주김씨 고택(보길도 정자리)은 300여 년 전에 보길도에 들어온 김양재 가문의 사택으로 일반인에게 자유롭게 공개된 곳은 아니다. 집도 잘 지어져 있지만 내정과 후원에는 귀한 이 지역의 상록수들이 선대로부터 심겨 오고 있으며, 보길도 여기저기에 심겨 있는 계란형 백동백의 원조나무도 볼 수 있다.

4월 7일, 찾아갔을 때 반갑게 맞아준 김전 여사님의 안내를 받으며 나무들의 내력과 함께 찬찬히 둘러볼 수 있었다. 백동백, 흑동백 및 진분홍동백 3그루를 조사하였다.

정자리 백동백은 흰 꽃잎이 수술을 살포시 감싸며 피는 계란형의 작고 독특한 화형을 보이며 거제도 학동 백동백 및 통영시 우도와 두미도 백동백과도 꽃 모양을 달리하고 있다. 내력을 들어봐도 100여 년은 충분히 넘으리라 볼 수 있다. 이 백동백은 조생종에 가까워 12월 초순부터 개화가 이루어지고 늦게는 4월 말까지 계속 핀다고 한다. 수정이 잘 되어 씨를 많이 맺으며 심으면 발아도 잘 되는 편이다. 동백은 흰색 꽃이 열성이고 홍색 꽃 계열이 우성이므로, 붉은색 동백꽃 가루가 흰 꽃에 새나 벌에 의해 수분되면 그 후대에서 나오는 동백은 붉은 꽃이 나오게 된다.

희귀한 동백으로 40년 생으로 추정되는 보길도 산 흑동백 나무도 보인다. 집안에서는 '흑룡'으로 명명해 왔다고 한다. 정자리 고택은 자생 희귀동백의 성지다. 고택으로부터 2km 정도 떨어진 곳에서 천연기념물로 지정된 국내 최대 크기의 황칠나무 고목도 찾아볼 수 있다.

① 근원둘레 92cm, 수고 6m의 고목으로 4cm 크기의 작은 계란형 흰 꽃이 특색이다. 수술은 원통형이다. 나무는 70여 년 전에 보길도에서 자생하던 것을 옮겨와서 100여 년 생으로 추정한다. 꽃은 초겨울부터 4~5월까지 개화한다.

② 심원고택에서 얻은 씨앗을 심어 나온 백동백이다. 동백의 꽃색은 붉은색이 우성이고, 흰색이 열성이라고 한다. 타가수정이 기본이므로 백동백나무에서 종자를 받아 심어도 후대에는 모두 붉은색 꽃만 나온다고 알려져 있었다. 이를 확인해 보기 위해서 보길도 정자리의 심원고택에서 구한 백동백 씨앗을 2019년에 파종한 후 4년 간 키워서 어떤 꽃 색이 나오는지 시험해 봤다. 결론적으로 보면 종자번식으로도 흰색 꽃의 동백을 볼 수 있었으며 다만 확률이 낮았다. 발아할 때 줄기에 붉은 색소가 없는 개체 중에서 흰 꽃을 피우는 동백이 나왔다.

① 흑룡으로 부르며 6cm의 통형 꽃에 수술은 원통형이다.
1988년경 보길도에서 자생하는 것을 옮겨왔다고 한다. 암술도 핑크색인 흑홍색 동백이다.

② 정자리 고택에 있는 긴 통형의 4cm 크기의 진분홍색 꽃이며 수술은 원통형이다.

③ 정자리 고택에서 볼 수 있는 흑동백, 백동백, 분홍동백.

보길도 황원포항 인근 동백

보길도 황원포항이 내려다보이는 쉼터 인근과 서남쪽 해안가 도로를 따라 수km를 가다 보면 길가에 2km에 이르는 자생 동백숲을 볼 수 있다. “망끝정망대 9km 전방” 이정표부터 시작되는 동백숲은 키가 10m 가까이 크고, 고목 동백나무의 밀도가 높은 자생숲이지만 인근에 민가가 없다.

황원포항 쉼터 길가에 심어진 20~30년생 가로수 2종과 길가 동백자생숲에서 1그루를 조사하였다.

망끝전망대 9km 전방 이정표가 있는 동백나무 숲.
아스팔트 길가 200여 미터에 있는 큰 동백나무 숲이다.

황원포항이 내려다보이는 언덕 길가에 심어진
긴 나팔형 5cm 크기의 홍색꽃이 특이한 동백.

① 황원포항공원(쉼터) 산밑쪽 가로수. 흑적색 꽃이 특징이다.
원산지는 알 수 없었으며, 실생묘를 획득하였다.

② 망끝전망대 9km 전방 이정표가 있는 길가 자생동백 숲에 있다. 대형 모란형 나팔이 특징이다.
길부터 해안가까지 200m 정도 고목을 포함하여 꽤 큰 동백숲이 있다.
꽃잎 8장 나무도 있었는데 조사하지는 못했다.

보길도 부황리 김성우 씨 정원과 부용동 마을

부황리 보길교회 근처에 사는 보길도 토박이 김성우 씨의 정원에 있는 동백을 찾았다. 보길도 원산이며 옮겨 심어진 연분홍색의 작은 술잔형 동백 2그루와 통형 백동백 등을 조사할 수 있었다. 이 집 인근에는 자생동백나무들에 붙어사는 동백겨우살이를 볼 수도 있었다. 라일락꽃도 피고 있었다.

세연정에서 부용동쪽으로 더 올라가면 여기저기 크고 작은 동백을 흔하게 볼 수 있었고 산에는 돌배나무 꽃이 피어 있었다. 부용동 아스팔트 길가 동백나무 중에 분홍색 동백 한 그루를 조사하였다. 이 마을 민가에는 정자리 고택에서 예전에 얻어왔다는 계란형 꽃이 피는 백동백 성목을 키우고 있는 집도 있었다.

① 보길교회 인근 김성우 씨 댁의 약 40여 년 생 백동백. 정자리 백동백과 달리 5.5cm의 통형 꽃이며 수술은 끝이 좁아지는 원통형이다.

② 보길도 부용동 길가의 4.5cm 크기의 분홍, 다소 길쭉한 통형 동백이며, 수술은 속이 찬 원통형이다.

③ 보길교회 인근 김성우 씨 댁의 3.5cm 크기의 작고 앙증스러운 술잔형 연분홍색 꽃으로 수술은 속이 찬 원통형이다.

2021년 탐사에서는 전에 가보지 못했던 보길도의 예송리 상록수림을 찾았다.

예송리 상록수림은 천연기념물 제40호로 지정되어 있으며, 긴 해변은 몽돌로 이루어진 방풍림 겸 어부림으로 난대 상록수 식생을 감상하기 좋은 곳이다. 여기에 있는 동백나무는 근원둘레 160cm에, 키 5m 이상 되는 교목으로 200여 년 이상 되는 고목들이 많았다.

① 보길도 예송리 상록수림의 동백터널이다. 데크길을 걸으면 동백꽃이 떨어진 터널을 지날 수 있다.

② 보길도 예송리 상록수림의 수백년생 동백고목에서 낙화한 동백꽃으로, 전형적인 토종 홑꽃이다.

2021년 춘분 무렵 보길도를 다시 찾았다. 해안 전망이 확 트인 망끝전망대에서 동백을 살펴보았다. 동박새들도 꽤 볼 수 있었던 곳이었고 울타리 아래쪽으로 조금 내려가면 분홍동백도 볼 수 있었다. 자생지에서는 붉은색 동백뿐만 아니라 분홍동백도 심심치 않게 관찰되었다. 분홍동백은 중소형의 약간 벌어진 전형적인 통형 홑꽃이었다. 붉은 동백과 비교를 위해 같이 놓고 찍었다.

전라남도 나주시 왕곡면 송죽리 130에는 금사정(錦沙亭)이 있고 그 앞에 수령 500년으로 추정되는 천연기념물 동백나무가 한 그루 있다. 금사정은 조선시대 중기에 처음 건립되어 1973년에 중수하여 내려오는 정자이다.

금사정 동백은 천연기념물 제515호로, 금사정 왼쪽 앞에 심어진 독립 노목으로 설명간판에는 높이 6m, 근원둘레 2.4m, 수폭은 동서로 7.6m, 남북으로 6.4m, 수령 500년 정도이며 "우리나라 동백나무 가운데 가장 굵고 크며, 모양새도 반구형으로 아름답고 수세도 좋아"로 되어 있으나 거제도의 외간리 동백나무보다 밑동 둘레나 폭이 크지는 않다. 주변에도 동백이 월동 가능한 지대이므로 다른 꽃에서 꽃가루를 받아 타가수정이 가능하다. 실제로 바닥에서 일부 실생 유목을 찾아볼 수 있었다.

① 금사정과 천연기념물 제515호인 동백나무. 나주시 왕곡면 송죽리 130에 있으며 근원둘레는 215cm로 상당히 크다.

② 금사정 동백꽃은 술잔형으로 작고, 수술은 속이 약간 찬 원통형이다.

선운사

전라북도 해안가와 도서지역도 동백이 잘 자생할 수 있는 기후 조건을 갖추고 있다. 전라북도 지역은 해안가 외에도 익산시 등 좀 더 내륙까지 토종동백이 정원수로 심어져 자라는 것을 볼 수 있다. 점차 난대 북한계선이 북상하고 있고, 더 내륙까지 넓어지고 있는 것으로 보인다.

천연기념물 제184호로 지정된 고창군 선운사 동백은 고찰의 뒤편 끝에서 부도탑이 있는 곳까지 1km가 넘는 상당히 크고 긴 동백 고목 숲을 이루고 있다. 이곳 경사진 동백나무 숲에는 개비자나무도 있지만 거의 대부분 동백나무로 구성되어 있고, 문화재청에서 관리하고 있다. 사찰 주위에 동백나무가 조성된 곳으로는 광양시의 옥룡사지, 강진군의 백련사, 가보지 못한 해남의 몇 군데 사찰과 더불어 고창 선운사를 들 수 있다. 사찰에 심어지는 동백은 방풍(防風), 방화(防火)를 위한 것이라고 한다.

선운사 동백은 도서나 해안이 아닌 내륙에 위치한 규모 있는 군락지 중에서 가장 북쪽에 위치하여 있으면서도 추위를 잘 이겨내고 있다. 개화기에는 절 입구 쪽의 벚꽃들도 만개한다. 동백꽃 필 무렵의 꽃무릇은 잎만 나와 바닥에 긴 잎을 깔고 있는 상태이다. 동백나무 아래에는 녹차나무가 심

천연기념물 제184호인 전라북도 고창군 선운사 동백나무 숲.
절 뒤편으로 방화림(防火林) 역할을 한다.

자생지에서 관찰한 동백꽃
고창군

겨 있는 곳도 있다.

울타리가 둘러쳐져 있어 일반인들은 숲에 들어갈 생각을 하지 못하는 것 같다. 혹시 들어간다고 하더라도 탐방로도 없고 위험한 급경사이며 발을 잘못 디디면 굴러떨어질 수 있을 정도로 꽤 위험하므로 단독 탐방은 금물이다.

동백 탐사는 절 뒤편의 끝쪽 경사지부터 시작하였다. 4월 초 개화 절정기였다. 바닥의 잡목은 제거된 상태였고 바닥은 다른 자생지들처럼 돌이 많은 경사지이지만 특별한 탐방로가 없어 숲속으로 이동하는 데 미끄러질 위험이 따른다. 큰 나무들은 수고 10m 가까이 되는 대교목으로 자라고 있었으며, 바닥에는 실생으로 자라난 유목이 많았다. 꽃은 분홍부터 홍색과 자홍색까지 다양하였고, 꽃의 크기는 비교적 큰 편이었으며, 꽃의 모양도 매우 다양하였다. 새들이 많이 모여드는 것을 볼 수 있었다. 선운사 동백나무숲은 관광지임에도 불구하고 관리 주체 말고는 일반인의 출입이 거의 없어 잘 보전되고 있다.

① 매표소 인근 정원에 식재된 동백으로 진홍색의 5.5cm 크기의 사발~나팔형꽃이고 수술은 끝이 좁아지는 원통형이다.
② 매표소 인근 정원에 식재된 동백으로 진홍색의 7cm 크기의 사발형 꽃이다. 꽃잎 끝이 다소 쭈글거리고 수술은 원통형이다.
③ 매표소 인근 정원에 식재된 연분홍색의 5cm 크기의 통형 꽃이며 수술은 속이 찬 원통형이다.

① 선운사 자생지의 진적색 5.5cm 크기의 나팔형 꽃이며 수술은 원통형이다.

② 선운사 자생지의 주홍색 6cm 크기의 도라지형 꽃이며, 수술은 끝이 약간 좁아지는 원통형이다.

선운사 자생지의 홍색 7cm 크기의 국화형 꽃으로 수술은 원통형이다. 잎은 단타원형이다. 꽃잎 낱장이 길어 나팔형으로 젖혀지는 것이 독특하다.

① 선운사 자생지의 진홍색 7.5cm 크기 나팔형 꽃으로 수술은 좁아지는 원통형이다.

② 선운사 자생지의 붉은꽃과 분홍꽃이 한 그루에서 나오는 동백나무다. 6cm 크기의 통형으로 수술은 속이 찬 원통형이다.

③ 선운사 자생지의 분홍색 5.5cm 크기의 소형 꽃이며 잎 크기가 크다. 수술은 속이 찬 원통형이다.

④ 선운사 부도탑 뒤편의 밝은 홍색 5cm 크기의 통형 꽃이며 수술은 원통형이다. 화형이 단정하고 예쁘다. 단타원형 잎이다.

① 선운사 자생지의 분홍색 8cm 크기의 평형 꽃으로
수술은 원통형이다. 잎은 단타원형이다.

② 선운사 자생지의 자홍색의 6cm 크기의 통형 꽃으로
수술은 속이 찬 원통형이다.

③ 다양함을 보여주는 선운사 동백꽃들.

고군산 방축도 동백숲. 폐교된 방축분교 아래쪽으로 오래전에 학생과 교직원이 조성한 동백숲이 있다.

고군산 광대도 동백터널. 데크길 좌우로 터널을 이루며 동백이 자생하고 있다. 근 40~50여 년 간 사람의 간섭을 덜 받은 상태에서 자연스럽게 식생이 회복되고 있다.

고군산 방축도, 광대도 동백

군산시의 고군산군도는 고대부터 서해상의 전략적 요충지로서 군사, 행정적으로 조선 말까지 독자적인 진을 유지해 온 곳이다. 새만금 방조제로 육지와 연결되면서 신시도, 선유도, 장자도, 대장도 등 섬들은 이어졌고 일부 섬들은 아직까지 배편으로 들어가야 한다. 고군산군도도 서해안 난대 상록활엽수 등온선 상에 놓인 해안성 기후로 인해 섬마다 동백이 자생해 왔다. 동백 외에도 돈나무, 사스레피나무, 후박나무, 마삭줄 등 난대식생을 쉽게 관찰할 수 있다. 동백섬으로서 아직은 조금 덜 알려진 방축도와 광대도를 2022년 4월 2일에 들렀다.

방축도는 유인도이며 광대도는 무인도인데, 두 섬은 2021년에 출렁다리로 연결되어 있다. 방축도분교(폐교) 인근에는 교직원과 학생들이 오래전에 섬 내 자생지에서 옮겨 심은 토종동백이 길가에 많이 보이고, 함께 조성된 것으로 보이는 동백나무숲이 학교 앞쪽에도 있다. 변이가 크지는 않지만 붉은 꽃 색깔의 농담 차이도 있어 보였다. 모래미의 한 민가에는 토종으로 보이는 큰 백동백나무도 한 그루 볼 수 있었다.

2021년 개통된 출렁다리 건너에 있는 광대도는 데크 길 좌우가 동백터널로 이루어져 볼 만하다.

자생지에서 관찰한 동백꽃
군산시

① 폐교된 방축분교 아래쪽 동백나무 숲의 동백들. 중소형 크기이며, 화형은 주로 원통형이고, 색깔은 흑홍색부터 분홍색까지 변이를 보인다.

② 고군산 방축도 모래미마을의 백동백. 중소형 크기의 원통형 꽃잎 6장의 균형이 좋은 화형이다. 100년쯤 후에는 국내 최북단 백동백으로 천연기념물로 지정될 수도 있다.

③ 고군산 광대도 동백. 색 변이는 분홍부터 진홍까지 보이며, 화형은 술잔, 나팔, 통형이 보인다. 크기는 모두 소형이다. 방축도의 유명한 독립문 바위가 배경으로 보인다.

④ 고군산 방축도 모래미마을의 백동백. 60여 년 생 이상 되는 나무로 국내에서 가장 북쪽에서 볼 수있는 토종백동백 성목이다.

冬柏亭

마량리 동백정

충청남도 해안가와 도서지역도 오래 전부터 동백이 자생해 왔다. 서천시 마량의 동백정으로 가는 도로가의 가로수와 여기저기에 동백이 정원수로 심겨 있는 것을 볼 수 있고, 씨가 떨어져 실생 유목이 자라는 것을 쉽게 관찰할 수 있다.

서천군 서면 마량리 313-4의 동백정 인근 동백자생지는 천연기념물 제169호로 바다를 접한 해안가에 위치하고 있으며, 소나무 숲으로 둘러 쌓여 있는 크지 않은 500여 년 생 85주로 구성된 동백나무 숲이다. 오래 전부터 풍어제사를 지내는 당숲의 역할을 해 와서 동백이 500여 년 간 훼손되지 않고 이어져 온 것으로 보인다.

높지 않은 꼭대기에는 정자인 “동백정”과 “풍어제사당”이 있고, 직박구리는 많았으나 꿀벌은 보이지 않았다. 고목 동백도 많았지만 수십 년 이내에 새로 식재된 나무도 많았고, 모두 조사 대상으로 하여 12개체를 조사하였다. 서천군 문화관광과에서는 식생 분포 및 환경 변화를 모니터링하고 있다. 고목들은 근원부로부터 많은 가지로 갈라지는, 수고보다 수폭이 넓은 반송을 담은 모양이

서천군 마량의 동백정. 충남 서천군 서면 마량리 313-4 일원의 동백나무 85주는 천연기념을 제169호이다.

밑동부터 가지가 많은 수고 5m 이내의 반송형으로 자란 개체가 대부부분으로,
500여 년 생으로 추정된다고 한다.

고, 근원경은 170cm를 넘는 것도 있었지만 대부분 근원경을 잴 수 없는 수형이다. 고목 중에서는 같은 나무에 가지를 달리하여 꽃의 모양과 색이 서로 다른 동백이 자라고 있는 경우도 있다. 최근년에 식재된 동백나무 중에는 원예종 겹꽃동백도 있다. 고목 중에 분홍꽃은 보기 힘들었고 주홍이나 홍색이 많았으며 변이가 크지는 않았다. 새로 식재된 어린나무들은 꽃의 색, 꽃의 모양 변이가 꽤 보였다.

30여 년 전에 이곳에 화력발전소가 조성되면서 재정비된 동백나무 숲으로 재정비 당시 수백 년 된 동백 고목 외에도 빈 터만 있으면 최근년에도 꾸준히 추가적인 동백 식재사업을 하고 있는 것으로 보인다. 군락지 경계의 소나무 숲에는 동백나무 유목이 다수가 자라고 있었으며 실생 번식하고 있는 것으로 보였다. 정중앙의 동백 고목 아래 지면에는 실생 동백 유목을 많이 볼 수 있다. 토양은 황토질이며, 모암은 흰색 차돌로 관찰되었다. 4월 초부터 중순이 개화 최성기이다.

마량 동백정이 육로로 갈 수 있는 동백군락지 중에서 가장 북쪽에 위치해 있다는 설명이 있지만, 이식되어 심겨 자라고 있는 지역과 도서 지역까지 포함한다면 잘못된 설명이다. 현재 서해안가로는 인천광역시까지, 동해안가로는 강릉시까지 동백이 월동 가능하고, 섬 지역으로는 백령도·울릉도까지 월동 가능하다.

① 5cm 크기의 홍색의 통형 꽃이며 수술은 속이 찬 원통형이다.
수고 6m 정도로 상대적으로 키가 크다

② 5.5cm 크기의 분홍색 통형 꽃으로 수술은 원통형이다. 동백정 왼편에 있다.

7cm의 중대형으로 밝은 홍색이며 나팔형 꽃이다.
수술은 원통형이며, 꽃잎 끝에 약간 주름이 있다.

① 7cm의 밝은 홍색 나팔형 꽃이며 수술은 속이 찬 원통형이다.

② 5cm 의 홍색 통형 꽃으로 수술은 원통형이다. 마량 동백의 전형적인 수형으로 가지가 밑에서부터 많이 퍼져 있다.

5cm의 중소형 진홍색 통형이며 원통형 수술이다.
마량 동백의 전형적인 수형으로 가지가 밑에서부터 많이 퍼져 있다.

4.5cm로 화장이 다소 긴 홍색 통형 꽃이다. 수술은 원통형이다.
마량 동백의 전형적인 수형으로 가지가 밑에서부터 많이 퍼져 있다.

꽃이 흑적색 대형 통형이다. 20여 년 생으로 추정되며 새로 식재된 어린나무이다.
숲 오른편 끝 쪽에 비슷한 크기의 동백이 여러 그루 식재되어 있다.

① 5cm 크기의 진홍색 도라지형 꽃이며 원통형 수술이다. 어린나무이다.

② 화폭 8cm, 진홍색의 사발형 꽃의 원통형 수술이다.

① 새로 식재된 어린나무로 5cm의 자적색 통형 꽃이며 수술은 원통형이다.

② 가지가 많은 고목으로 진홍색이며 4.5cm의 작은 꽃이며 수술은 원통형이다. 분홍색 꽃이 피는 가지도 있다.

서천시 동백정에서 볼 수 있는 다양한 동백꽃의 크기, 색깔, 모양.

충청남도 보령시는 한반도 서남부에 위치하여 해안가와 도서지역을 포함하며, 동백꽃을 시화로 하고 있다. 천연기념물 제136호 외연도 상록수림은 대천항에서 출발하여 호도와 녹도를 거쳐서 2시간 여 정도의 뱃길이다. 까나리액젓으로 유명한 외연도는 민박도 가능하지만 당일로도 다녀올 수 있다. 외연도리는 육지에서 멀리 떨어져 한참 서쪽에 있는 군도로 구성되어 있고 철새들의 서해 이동통로 중의 하나이다. 해발 50m 정도의 마을 뒷산이 오랜 세월 당숲으로 보호되는 성소로 후박나무와 소나무, 송악 등 여러 가지 상록 고목들의 혼합림이며, 여기저기에 달래가 흔했고 노란색 토종 민들레꽃도 많았다.

동백 탐사로가 잘 조성되어 있어서 둘러보기 쉬웠고 정상부에는 중국 제나라 전횡 장군을 모시는 사당이 있다. 혼합림은 비교적 건강해 보이고 나무들은 오랜 세월 세대를 이어오면서 죽고 살기를 지속해 왔다.

보령시 외연도 마을 뒤편에 있는 상록수림.

외연도 상록수림

충청남도 보령군 오천면 외연도리의 외연도 상록수림은 당산 숲으로 천연기념물 제136호이며 당제는 무형문화재로 지정되어 있다. 항구가 있는 마을 뒤가 당산 숲이며 상록수림이 많고 그 중에 동백이 정상부로 갈수록 50% 정도로 많아진다. 탐방로가 잘 조성되어 있고, 정상부로 갈수록 나무가 더 빽빽해진다. 능선 아래쪽 옛집 터 주변으로도 동백나무 고목이 몇 그루 남아 있다. 상록수림은 천연기념물이라 나무들을 조사한 표식이 박혀 있고, 빈 터에는 여기저기 동백나무 유목을 추가로 심었다. 후박나무도 많고 곰솔도 일부 있다. 큰 화강암 돌들이 많이 노출되어 있으며 철새들의 이동통로로 조류(새) 사진작가들이 많이 오는 곳이다. 섬에 새들은 많았지만 탐사시 동박새를 볼 수는 없었다.

동백 고목들에서 소형 꽃은 별로 없었고 중형 꽃이 많았다. 꽃의 색은 진분홍부터 홍색이 많았다. 항구가 있는 마을 민가에는 동백 원예종(겹꽃)도 일부 침투해 있었다. 빽빽한 당산 숲 중산간에서는 다른 상록수들과 경쟁에 의해 키가 커진 듯 동백의 키가 10m, 근원둘레 1m 이상 되는 것이 많았다. 꽃잎은 6장이 많았고 수술이 다소 커 보였다.

외연도 마을 뒤편에 있는 근원둘레 127cm의 고목이며 6cm 크기의 홍색의 통형 꽃이다. 수술은 원통형이다.

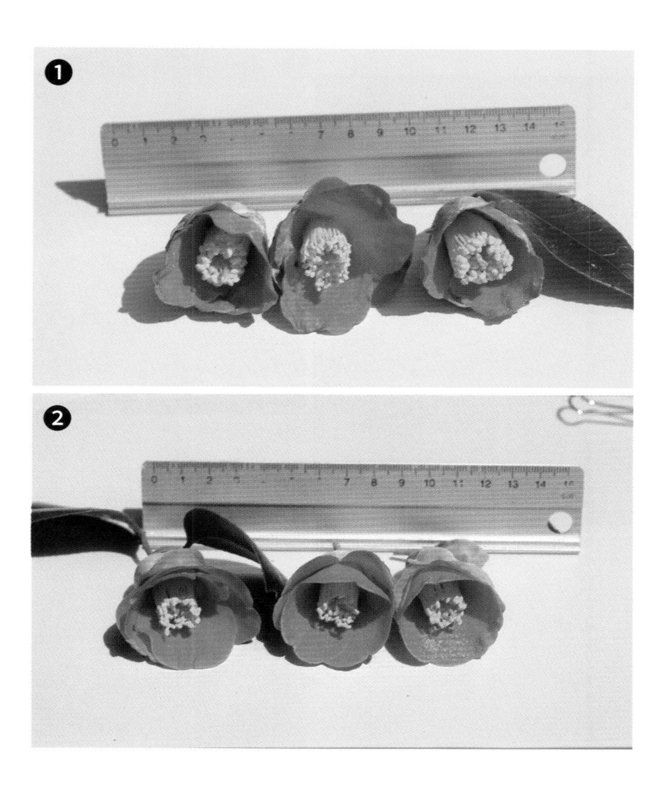

① 외연도 마을 뒤편에 있는 4.5cm 크기의 중소형이며,
가지 끝에 2송이로 꽃이 많이 피는 동백나무로 홍색의 통형 꽃이다.
수술은 원통형이다.

② 탐사로 중간에 있는 근원둘레 180cm의 고목으로 다른 나무들에
많이 가려져 있다. 4cm 크기의 소형 홍색꽃으로 옅은 향기가 있다.

① 마을 뒤편 햇빛을 잘 받는 위치에 있는 진분홍색의 6.5cm 크기의
중형이며, 화형은 통형~나팔형이다. 수술은 원통형이며 다착화성을 보인다.

② 정상 부근 데크목 쉼터 근처의 나무는 고목이 아니지만
자홍색의 7cm 크기의 사발 모양의 중대형 꽃이 핀다.

③ 전횡 장군 사당 앞쪽에 있는 나무로, 중형 꽃이며 화형이 단정하고
수술은 속이 일부 찬 원통형이며 옅은 꽃향기가 있다.

① 망재산과 봉화산 일원의 동백은 고목이 아니라 젊은 동백나무들을 볼 수 있으며, 의외로 다양한 토종 동백자원을 볼 수 있었다. 망재산의 고래조지 인근 동백나무 숲에서는 보기 힘든 연분홍 동백도 볼 수 있었다. 팽나무와 얽혀 자라고 있었고 화폭, 화장 5cm 정도의 통형 꽃이었다. 소형 연분홍꽃으로 수술과 꽃가루가 다소 빈약한 특징을 보인다.

② 2021년 4월 11일, 외연도를 다시 찾아서 전에 돌아보지 못했던 망재산과 봉화산을 돌면서 자생 동백을 살펴봤다.

충청남도 태안군은 수많은 반도와 도서지역을 포함하고, 해안선도 매우 길게 보유하고 있으며, 대부분 해양성 기후로 동백꽃 또한 군화이다. 안흥 신진도항에서 출항하는 유람선을 40여 분 타고 가면 격렬비열도 못 미쳐 100년 등대섬으로 유명한 옹도에 도착하여 30~40분 간 섬을 둘러볼 수 있다. 옹도의 동백은 모진 바람을 맞으며 자라서 그런지 키가 크지 않았고 나이는 먹었는데 그 나이를 가늠해 보기 어려운 수형이다. 옹도의 동백으로 남해안부터 태안군의 서해안 도서 지역까지도 거대한 동백벨트로 이어졌다는 것을 눈으로 직접 확인할 수 있다.

서해 최서단 도서인 격렬비열도는 옹도에서 서쪽으로 바라보면 멀리 바라보이는 섬들이다. 이 섬들에도 동백이 많이 자생하고 있지만 일반인의 입도가 금지되어 있으며, 여객선도 운영되지 않아서 직접 확인할 방법은 없다.

안흥항은 조선시대 3대 서해안 항구 중의 하나로 지리적으로 역사적으로 매우 중요한 곳이었다. 지금은 신진도에 안흥신항이 있다. 태안은 어디를 가든 민가에 동백 한두 그루 정도씩 정원수로 심고 있는 것을 볼 수 있다. 또한 꽃도 피고 수정되어 떨어진 종자는 그 자리에서 스스로 발아하여 후대목이 자라고 있는 것도 확인할 수 있다. 이것은 서해안의 동백 자생 가능지가 충남 남부의 서천군 동백정보다 한참이나 북쪽인 태안군과 서산시까지 북상할 수도 있다는 증거이다.

태안군 근흥면의 근흥중학교에는 동백 고목이 있다. 이 동백은 근원둘레 93cm에 수고와 수폭이 각 5m 이상 되는 큰 나무로 꽃은 4월 초에도 볼 수 있었으며, 태안군 내 섬 지역을 제외한 육지부에서 볼 수 있는 동백나무 중에서 가장 큰 나무로 여겨졌다. 근흥중학교는 국내 초중고를 통틀어 가장 아름다운 학교로 선정되었다고 한다. 바다가 남으로 내려다보이는 멋진 풍광에다가, 다양한 난대 수종을 모아 놓는 등 여느 식물원 못지않은 곳에 들어서는 것 같다. 이외에 태안군 천리포식물원에도 국내외에서 수집된 다양한 동백자원이 식재되어 있다.

서해안 중북부 지역의 동백은 제주도와 개화기가 거의 한 달 이상의 차이로 늦게 핀다. 중북부 해안에서 멀지않은 지역의 자생 동백이 생태적으로 어느 정도 한지에 적응된 것으로는 보이지만, 자생지형이라기보다는 정원수로 여기저기 심어진 것이 죽지 않고 살아가는 정도로 보인다. 자생 동백은 아무래도 난대성 작물인지라 월평균 최저기온이 0°C 이하인 중부 내륙에서는 월동하더라도 혹한기에 냉해를 받기 쉽다.

태안군 옹도 동백나무

옹도는 충남 태안군 근흥면 신진도리의 외딴 섬이다. 동백나무가 많지는 않고 수고는 주로 5m 이내로 넝쿨식물이 덮고 있는 것이 많다. 등대를 오르는 산책로 외에는 숲에 들어가지 못하는 탐방로 구조이다. 새소리가 있었다.

동백꽃이 핀 나무가 많지 않고 꽃도 적은 편이었다. 꽃의 크기는 중소형화가 대부분이고 잎은 뒤쪽으로 많이 말려 있는 편이었다. 꽃색은 붉은색이 주종이고 변이가 크지 않으며 통형이 주종이다. 동백나무는 바람을 많이 맞는 지형에 자리잡고 있으며 새순의 길이도 짧았다. 선착장에서 등대쪽으로 올라가다 나오는 동백터널 왼쪽 첫 나무가 전형적인 옹도 동백으로 중소형 홍색 통형 꽃이다. 배로 돌아오는 중에 바라본 섬, <가거도> 해안가 절벽 경사면에도 꽃핀 동백이 간혹 자생하는 것이 보였다.

충남 태안군 근흥면 신진도리 옹도 동백나무.
등대 올라가는 초입에 길지 않은 동백터널이 있고, 등대 넘어 통신탑 근처 절벽에도 자생동백이 있다.

① 옹도의 동백 3가지. 나무별로 큰 변화를 보이지는 않는다. 잎과 꽃의 크기가 중소형이 대부분이다. 바람을 많이 맞는 곳에서도 자라고 있었고 키는 4m 이내로 크지 않고 가지가 많이 있었다,

② 통신탑 뒤편 급경사지 군락의 6cm 크기의 홍색, 나팔형 꽃. 수술은 원통형이다.

통신탑 뒤편 급경사지 군락의 4cm 크기의 홍색,
술잔형 꽃으로 수술은 원통형이다.

근흥면 도황길 민가

충남 태안군 근흥면 도황길 179번지 민가에 심어진 동백나무를 찾았다. 연포해수욕장 가는길 오른편에 있는 민가이다. 20여 년 전에 태안에 있는 묘목상으로부터 동백나무를 구입하여 심은 것으로, 지금은 30여 년 생으로 추정되는 동백 20~30여 그루를 집 주위에 심었다. 동백나무가 자라는 바닥에는 실생묘가 많이 보여서 이 지역은 자생 가능한 조건임을 알 수 있었다.

① 연포해수욕장 인근 민가의 동백. 6cm 크기의 주홍색 나팔형 꽃으로 수술은 원통형이다.

② 연포해수욕장 인근 민가의 동백. 6cm 크기의 주홍색 나팔형 꽃이고 잎의 색이 진한 자주색으로 발색한다. 수술은 원통형이다.

연포해수욕장 인근 민가의 동백. 6cm 크기 홍색의 통형~도라지형 꽃으로 수술은 원통형이다.

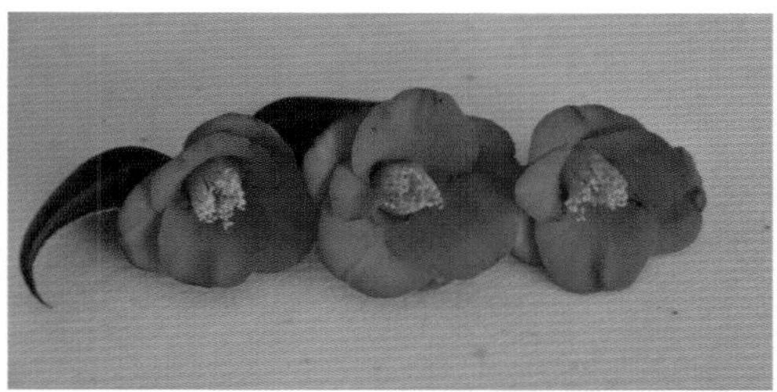

① 연포해수욕장 인근 민가의 동백. 5.5cm 크기의 작은 화형이 좋은 통형 꽃으로 수술은 장단혼합형이다.

② 연포해수욕장 인근 민가의 동백꽃. 한 집에 식재된 나무들이지만 조금씩 꽃의 모양과 꽃색, 잎색, 크기 등이 다르다.

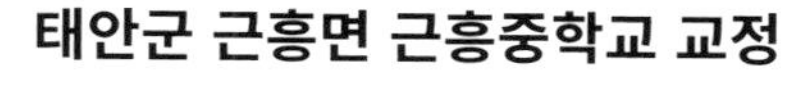

태안군 근흥면 근흥중학교 교정

근흥중학교(충청남도 태안군 근흥면 근흥로 690)는 1977년 개교하였고 교화가 동백꽃이다. 식물원 버금갈 정도로 교정을 난대식물들로 꾸며 놓았다. 교실 앞에는 태안 인근 지역에서 가장 클 것으로 보이는 동백나무가 심겨 있고, 다양한 원예종 동백도 여기저기 심겨 있다. 천리향과 다양한 수선화가 꽃피고 있었으며 민병갈박사의 완도호랑가시나무도 여러 그루가 있다.

근흥중학교 교정 화단에 있는 근원둘레 93cm 수고, 수폭 5m 이상 되는 동백나무 고목으로 6.5cm 크기의 홍색 통형 꽃이다. 근흥중학교는 전국에서 가장 아름다운 학교로 지정되어 있기도 하다.

내파수도 동백군락

안면읍 내파수도

거의 무인도에 가까운 섬이고 어렵게 찾아간 곳이기도 하거니와, 혹시나 태안군 최대 크기의 동백나무를 만날지도 모른다는 바람도 섞여 있었다.

어선에서 내려 가파른 언덕길을 올라, 소나무 숲을 지나고, 내파수도 내 유일한 도보길을 따라 걸으면 밋밋한 정상부에 토지를 측량할 때 기준점이 되는 "지적도근점"이 나온다. 여기에 30여 그루 이내로 유지되는 작은 동백숲이 우리를 맞았다. 예전에는 여기에도 집인지 건물인지 한 채 정도 있었던 것으로 보인다. 다 무너지고 깨진 슬레이트판들이 남아 있었다. 꽃은 최대 개화기 바로 못미치는 제철이었다. 그러나 이 오래된 동백군락은 재앙을 맞이하고 있었다. 언젠가 이 섬에 도입된 야생화된 배고픈 토끼들에게 동백 같은 상록활엽수는 겨울부터 봄까지의 먹잇감이 되어 보호하지 않는다면 머지않아 사라질 운명에 처해 있었다.

꽃의 크기는 5~6cm 내외로 전형적인 중소형이다. 꽃의 모양은 통형을 기본으로 하고 사발형과 도라지꽃형의 모습도 살짝 보인다. 꽃의 색은 홍색을 기본으로 하고 흑홍색과 진분홍도 보인다. 특이하게도 대부분 꽃향기가 있었다. 잎의 모양은 타원형을 기본으로 하지만 장타원형도 있었다. 개화성기로 볼 수 있지만 다소 늦은 나무도 있었다. 수술의 길이가 다소 불규칙해 보인다.

① 수고 2m, 수폭 3m로 근원둘레는 45cm 전후의 두 줄기이다. 화폭 6cm의 홍색 통형~나팔형 꽃이다. 수술은 속이 찬 듯하며 꽃향기가 있다.

② 수고 5.3m, 근원둘레는 105cm로 고목이다. 연홍색꽃으로 통형~사발형이다. 향기가 있다.

③ 수고, 수폭 각 3m로 잎은 장타원형이 특징이고 꽃이 늦게 피고 있었다. 꽃잎 7장으로 속이 찬 원통형 수술이고 개화 초기 화형은 도라지꽃형이었다. 미미하게 향기가 있었다.

수정을 해주는 곤충으로 벌은 보지 못했고, 파리는 있었다. 작고 귀여운 새가 동백의 꿀을 찾고 있었다. 동박새는 아니고, 배쪽은 희고 등쪽은 검은 새로서, 얼굴도 검은 바탕에 흰 뺨이 보였다. 나중에 검색해 보니 "박새"로 보인다.

키는 주로 3~6m 사이였고, 가장 큰 나무는 팽나무 부근에 있는 6.2m로 태안군에서 본 나무 중에 가장 키가 큰 것이었다. 근원둘레는 밑둥이 갈라지지 않은 나무 중에서 가장 큰 것이 57cm이고, 줄기가 밑둥에서 갈라지는 나무는 105cm와 129cm도 있었다. 나이는 어림잡아 100여 년을 넘긴 것으로 보였다. 바닥에는 토끼똥이 많았다. 봄철 먹을 것이 없었던지 떨어진 꽃의 수술대까지 뜯어먹었다. 최근에도 껍질을 갉아 먹은 흔적이 있다. 심하게 갉아먹힌 나무는 죽어가고 있었다. 이 추세로 가면 10년 안에 이곳의 동백군락은 사라질 수 있을 것 같다. 동백씨는 많이 열리지만 어린 후대목 또한 토끼로 인해 살아남을 수 없을 것이다.

동백꽃에서 꿀을 빨고 있는 박새

대청도 동백군락지에서의 윤성희 소장

동백 북한계 대청도

경기도에 속한 도서지역은 남으로 태안군 및 서산시와 경계하고 북으로는 위도 38선에 가까운 대청도, 백령도까지 이른다. 대청도가 한반도 최북단 동백 자생지가 되므로 그 남쪽에 있는 모든 섬들도 동백이 자생 가능한 조건이 된다. 6·25전쟁과 수십 년 전 동백 분재 열풍으로 섬지역 동백이 상당 부분 훼손되어 서해안 모든 섬들을 일일이 확인할 수는 없지만 대청도 이하 모든 섬들은 자생이 가능한 소위 동백벨트로 이루어져 있음을 생각해볼 수 있다. 동백이 자생하는 최북단 대청도, 소청도, 덕적군도는 옹진군에 속한 도서이며, 인천 시내에 위치한 옹진군청 광장에는 소청도에서 기증받은 귀한 동백나무가 심겨 있다.

대청도가 북한지역 육지로부터는 배로 채 30분 거리도 안 될 것이지만, 남한의 인천항 여객터미널에서는 대청도 신진포항까지 4시간 20분의 여객선 거리에 있다. 일본은 아주 옛날부터 동백에 대한 애정이 남달랐다. 심지어 임진왜란 중에도 특이한 조선의 동백을 수집해 갔다. 이런저런 이유로 한일합방 후에 우리나라의 자생 동백에 대한 관심은 일본인들에게 당연한 것일지도 모른다. 대청도 동백자생지는 일제시대 조선총독부에서 1933년 천연기념물 제66호로 지정하였고, 광복 후에는 1962년에 천연기념물 제66호로 우리 정부가 재지정하였다. 아직도 두 개의 표지석이 훼손 없

대청도 동백 왼쪽 군락에 있는 진적색의 4cm 크기의
작은 통형 꽃이며, 속이 찬 원통형 수술이다.

이 함께 자리하고 있어서, 동백 북한계 자생지의 내력을 엿볼 수 있게 한다. 지금은 대청도에서 14km 위쪽에 있는 섬인 백령도에도 옮겨 심어져 자라고 있지만, "자생"이란 사람의 간섭 없이 스스로 종자가 떨어져 번식한다는 의미이므로, 아직까지도 북위 37도선인 대청도가 이 난대성 상록활엽수인 동백나무의 북한계선이 된다. 자생지를 찾아가는 도로가에는 자생 병꽃이 만발해 있었다.

대청도는 육지 지역보다 겨울에는 덜 춥고 나머지 계절에는 육지보다 덜 더운 특징을 보여준다. 대청도의 5월 중순이 육지의 4월 중·하순 기후와 비슷하다. 때문에 5월 중순에도 동백꽃이 끝물이기는 하지만 아직까지 일부 남아 있었다. 대청도 사탄리(모래울동) 산간에 외따로 있는 이 동백군락지를 일부러 찾아볼 생각이 없다면 내방객도 별로 없을 장소 같다. 울타리는 염소로부터 동백을 보호하기 위해서 둘러쳐져 있다.

2013년 옹진군청 사진자료를 보면 지금의 모습도 이곳과 별반 다를 것 없다. 정면에서 볼 때 왼쪽, 중앙, 오른쪽 3개 동백 군락이 형성되어 있다. 군락별로 꽃의 크기나 잎의 크기 등에서 약간씩 변이를 보인다. 고사되는 것이 일부 있어 보이지만, 동백나무의 수는 예전 사진보다 줄어드는 것 같지는 않다. 그런대로 잘 보전되고 있다. 현재 동백나무의 키는 적어도 5m는 된다. 약 60년 전(아마도 1933년을 말하는 것으로 추정

대청도 동백 왼쪽 군락에 있는 홍색의 5cm 크기의 작은 통형 꽃이며,
속이 찬 원통형 수술이다.

된다)에 직경 27cm에 키 3m 되는 큰 동백나무가 있었다는 기록도 있지만, 키만 보면 지금의 동백이 훨씬 더 크다. 남부지역 동백자생지는 근원둘레 0.8~1m급을 어렵지 않게 볼 수 있는 데 반해, 대청도는 근원둘레가 40~48cm가 가장 큰 축에 들었다. 자생지 바닥에는 큰천남성이 자생하고 있었다. 그러나 동백씨가 떨어져 실생으로 발아하여 자라는 유목은 찾아보기 어려웠다. 왼쪽 군락의 동백 중에서는 4cm급의 귀여운 소형 꽃이 있었고, 맨 오른쪽 군락의 동백 중에서는 6~7cm급의 중형 동백꽃도 있었다. 수술의 형태는 속이 거의 찬 원통형이었다. 꽃 크기로 보면 소형부터 중형까지 있었고, 꽃색의 변이는 왼쪽 군락의 소형 꽃이 다소 진홍색이었으나 전반적으로 큰 차이는 없었다.

모래울동 마을의 민가에도 꽤 큰 동백나무가 있다는 얘기를 듣고 무작정 찾아갔다. 처음 보는 사람들이 찾아와 뜬금없이 동백나무를 찾아대니, 놀란 주인이 자초지종을 듣고는 집 마당에 심어진 동백이 아버지 대에서 심어졌으니 100여 년은 넘었을 동백이라고 설명해줬다. 얘기를 듣고 보니 이 나무들도 대청도 동백의 유전적 다양성을 위해 함께 보호되어야 할 나무로 보였다.

신진포항의 어느 식당에서 호랑가시나무도 볼 수 있었다. 햇빛 받는 쪽의 잎이 작고 귀여웠다. 세월이 많이 흐르면, 공식적으로 현재 전북 어청도가 호랑가시나무의 북방한계지로 되어 있는 것을 훌쩍 뛰어넘어 호랑가시나무의 북방한계지로 이 나무가 거듭날 수도 있겠다 싶다.

① 대청도 동백 오른쪽 군락에 있는 홍색의 6cm 크기의 통형 꽃이며,
속이 찬 원통형 수술이다. 가지 끝에 2개 이상의 다착화성을 보여준다.

② 대청도 동백 오른쪽 군락에 있는 홍색 6cm 크기의 통형 꽃이며,
속이 찬 원통형 수술이다.

① 모래울동 민가에 정원수로 심어진 중소형 꽃의 통형 동백으로 속이 찬 원통형 수술이다. 전년도에 나온 잎이 핑크색으로 발색되는 것도 있었다.

② 대청도 천연기념물 제66호 동백자생지의 각기 다른 꽃들. 소형부터 중형까지, 진홍색부터 홍색까지 볼 수 있었다.

동해안은 난대 등온선이 해안을 따라 북상하고 있기 때문에 동백을 심으면 위도 38도 선인 강원도 강릉지역까지 월동되는 것을 확인할 수 있다. 경북에 속한 울릉도는 위도 상으로는 37도 선으로 상당히 높지만 해양성 기후의 영향으로 후박나무, 동백나무 등 다양한 난대성 식물이 많이 자라고, 예로부터 해송과 향나무 등으로 울창하게 우거졌다고 하여 울릉도가 됐다고 한다.

울릉도가 우산국으로 있다가 신라시대에 정복되었고 조선시대에는 공도정책에 따라 비워졌다가 조선 말(1882)부터 다시 사람들을 이주시켜 본격적으로 정착하게 된 역사를 갖고 있다. 온화한 기후 특성과 화산섬 특유의 지질로 인해 물빠짐이 좋지만 강우량도 많아서 해안가 저지대로부터 400m가 넘는 깎아지른 중산간 지대까지 곳곳에 동백이 자생하고 있다. 동해 최북단 동백을 찾아보고자 개화기가 거의 다 지나가고 있는 2019년 4월 29일~30일 이틀에 거쳐 강릉항에서 3시간 넘는 여객선을 타고 울릉도에 도착하였다.

동해 최북단 동백자생지인 울릉도는 온난한 기후로 빠른 곳은 2월부터 개화하여 3월 중순~4월 초순에 절정기를 맞이하는 것으로 보인다. 4월 하순에는 산간지를 제외하면 동백꽃을 찾아보기 어려웠다. 외딴 섬 울릉도에 최초에 어떻게 동백이 전파됐는지는 알 수 없지만 고립된 환경으로 인해 독특하게 적응해 온 것으로 보인다.

울릉읍 도동 안평전 동백

저동리 계곡과 태하등대 일원

울릉읍 저동항 뒤편 저동리 뒷마을 경사진 계곡을 따라 올라가다보면 간간이 수령 100여 년 생이 넘어 보이는 동백나무들을 볼 수 있다. 그렇지만 거의 끝물이라 꽃은 한두 개 겨우 달렸을 뿐이었다. 홑꽃으로서는 일반동백이 5~6장인데 반해 7~8장으로 꽃잎이 다소 많았다. 저동리는 3월 중하순에 와야 동백꽃을 볼 수 있을 듯하다. 길가에는 완두가 심어져 한창 꽃을 피우고 있었다. 저동리 계곡에는 잎이 노랗게 탈색된 동백나무가 흔했지만 유전적 아조변이가 아니라, 토양 양분에 따른 반응으로 발생한다는 설명을 전해들을 수 있었다.

저동항의 완전 반대편에 있는 태하리로 가기 위해 남쪽 해안도로를 지났다. 통구미 향나무자생지로 생각되는 곳을 지나고 남양의 어딘가로 생각되는 특이한 화산 퇴적층을 지나 서면 태하리의 태하항에서 태하등대(울릉등대)쪽으로 걸어 올라가면서 등반로 길옆에 동백나무가 보였지만 이미 꽃은 거의 다 졌다. 인동이 꽃을 피고 있었다. 울릉등대 탐방로는 왕복 45분으로 산 정상부 등대를 향해 계속 가다 보면 소나무, 고로쇠나무 및 상록활엽수, 동백나무 등이 혼합되어 거의 원시림에 가깝게 보존되어 있었다. 동백나무의 근원둘레는 60~70cm가 많았고 키도 5~10m로 교목이 많았다. 울릉도에서 동백자생 군락지로서 살아남은 아주 멋진 곳이지만, 꽃은 끝물이었다. 울릉등대에 다가갈수록 오래된 자생 동백을 많이 볼 수 있다. 시간이 늦어져서 정상 부근에서 홍색의 향동백 1개체만을 조사하였다. 울릉등대 전망대에서 내려다보는 풍광은 절경이다.

① 저동리 계곡의 동백 고목을 조사하고 있는 안완식 박사.

② 태하등대(울릉도 등대) 인근의 동백자생림

저동리 골짜기에 있는 분홍동백으로, 6.5cm 크기의 분홍 나팔형 꽃이 피며 꽃잎이 다소 많은 8장이다. 수술은 끝이 좁아지는 원통형이다.

① 태하등대 정상 부근에 있는 진홍색 동백으로 6.5cm의 사발형 꽃이며
수술은 속이 찬 원통형이고 향동백이다.
② 울릉읍 도동 안평전의 눈 속에 핀 붉은 동백이다.

저동항과 내수전 전망대 부근

2019년 4월 30일, 저동항에서 아침식사를 한 후 울릉수협 화단에 있는 분홍동백을 한 그루 조사하였고, 오후에는 400여 m 넘는 내수전 일출봉 전망대를 찾았다. "내수전"은 "김내수란 사람의 밭"이란 의미로 매우 넓은 지역을 포함하지만 "내수전일출전망대"는 산 정상 부근만을 말한다. 해발 400m 이상이라 저지대보다 기온이 낮아서인지 동백꽃이 끝물이긴 해도 꽤 많이 남아 있었다. 정상 주위 식생은 해송, 주목, 섬잣나무, 섬단풍나무, 피나무 등도 볼 수 있는 혼합림이지만 동백나무 숲으로도 손색이 없다. 이 외딴 산 정상부에 의외로 다양한 동백을 찾을 수 있었다. 전형적인 붉은 동백부터 분홍색 등 다양하고, 꽃 크기가 큰 것부터 아주 작은 것까지 다양했다. 밑동이 여러 개로 갈라진 것이 대부분이지만 근원둘레가 130cm나 되는 것도 있다. 수술의 모양이 매화 수술처럼 약간 벌어지면서도 꽃잎이 거의 다 벌어진 동백꽃도 있었다. 산꼭대기라 강한 바람의 영향인 것 같은데, 잎은 중소형 크기가 많았다. 산간지 정상부에 자생하는 독특한 동백군락지로 의미가 커 보인다. 내수전 전망대 맞은편 밭 주위에서도 흑홍색 동백과 분홍동백 2개체를 조사할 수 있었다. 이곳은 4월 초·중순이 최대 개화기로 보인다.

① 내수전 전망대 정상 부근의 중간 크기의 붉은색 동백. 통형, 사발형, 나팔형 꽃이 동시에 보인다. 수술은 원통형이다.

② 내수전 전망대 정상 부근의 붉은색 통형~사발형 동백으로 수술은 원통형이다.

③ 내수전 전망대 맞은편 길가에 있는 진홍색 5cm 크기의 통형 꽃으로 수술은 속이 찬 원통형이다.

④ 저동수협 화단에 식재된 분홍색 동백으로 6.5cm 크기의 나팔형이며, 수술은 속이 찬 원통형이다.

① 내수전 전망대 부근의 작은 술잔형 홍색 동백. 수술은 원통형이다.

② 내수전 전망대 부근의 대형과 소형 동백이 대조적이다.

③ 내수전 전망대 부근의 붉은색 펴진 나팔형이며, 수술이 매화수술형이 특징이다.

① 내수전 전망대 부근의 붉은색 4.5cm 크기의 긴 통형으로 속이 찬 원통형 수술이다.

② 내수전 전망대 부근의 중대형의 붉은색으로 통형~사발형이며 수술은 원통형이다.
줄기는 갈라져 있으나 밑둥은 고목이다.

① 내수전 전망대 초입 오른쪽에 있는 근원둘레 126cm의 분홍 5cm 크기의 통형 꽃이며 수술은 원통형이다.

② 내수전 전망대 맞은편 길가에 있는 연홍색 4cm 크기의 통형 꽃이다. 수술은 속이 찬 원통형이다.

③ 내수전 전망대 맞은편 길가에 있는 진홍색의 소형 만생종이다.

에필로그 | 이 동백꽃들이 우리나라 고유의 자원임을 세계에 알리는 자료가 될 수 있기를……

원고를 정리하고 나니 꼭 가보았으면 하던 곳을 가지 못하였거나 출입금지된 지역이어서 접근할 수 없기에 못 본 곳이 못내 아쉽고 좀 더 상세히 조사도 할 걸 하는 후회도 해본다. 그러나 한편으로는 기대했던 것보다 더 많은 동백의 변이를 관찰할 수 있었고 또 부족하지만 그 결과를 동백을 좋아하는 독자들과 함께 즐길 수 있음을 다행으로 생각한다.

한반도에는 동백 *Camellia japonica*(동백)이 한 종만 자생 분포한다. 꽃은 꽃잎 수가 8~9매인 경우가 극히 드물게 있지만 5~6매인 홑꽃이 기본이다. 동백꽃의 수술은 다른 꽃에 비하여 유난히 크고 황금빛을 띠는 동그랗고 개체마다 다양한 모양이다. 수술이 원통 모양으로 가장 흔한 모양인 원통형, 원통형이지만 안쪽으로 수술이 꽉 차 보이는 속이 찬 원통형, 원통형에서 끝으로 갈수록 약간 좁아지는 끝이 좁은 원통형, 매화의 수술 모양처럼 끝으로 갈수록 펴지는 매화수술형, 높이가 다른 수술들이 함께 있는 장단혼합형 등으로 다양하다. 꽃잎의 색은 백색, 극연분홍, 연분홍, 분홍, 홍색, 진홍, 자홍색, 검붉은색 등이 있지만 홍색이 대부분이어서 동백 하면 노랗고 둥근 수술이 가운데 있는 붉은색 홑꽃을 연상시킨다.

꽃의 모양은 원통 모양으로 꽃잎 끝으로 갈수록 약간 넓어지는 통형 꽃, 모양은 통형에 가깝지만 크기가 작은 극소형 술잔형, 꽃잎이 끝으로 갈수록 나팔처럼 젖혀지는 형태의 나팔형, 꽃잎 끝쪽이 뾰족하여 도라지꽃을 닮은 도라지꽃형, 꽃잎이 펴져서 국사발 같은 모양의 사발형, 통형으로 볼 수도 있지만 계란처럼 꽃잎 끝이 안쪽으로 살짝 오므라드는 계란형, 꽃잎이 완전히 펴져서 평평한 꽃인 평면형 등의 꽃이 있다. 꽃의 크기 또한 다양하여 화경이 4cm로부터 10cm 정도의 큰 변이가 있다. 이렇게 우리나라의 자생 동백꽃은 조금만 관심 있게 관찰하면 꽃의 색, 크기, 피는 모양 등 여러 가지 특성들이 다르게 조합되어서 실제로 극히 다양한 변이를 관찰할 수 있다.

동백자생지에 가서 동백꽃을 감상하면 우선 나무의 자태를 보고 나서, 반짝이는 초록 잎 사이로 얼굴을 내밀고 있는 꽃의 색깔이 멀리서도 눈에 들어온다. 동백꽃은 멀리서 전경을 보기보다는 가까이 다가서서 꽃의 모양, 수술의 모양, 꽃의 크기를 들여다보면서 더욱 감동을 느낀다. 아마도 나무마다 개체별로 다른 모양의 꽃을 피우기 때문일 것이다. 얼마나 오래된 나무인지 나무의 밑동 굵기를 보면서 나이가 오래 묵은 고목임에 한 번 더 감탄한다. 한편으로 그 동백꽃의 아름다움을 영원히 간직하기 위하여 새로 피어난 꽃 중에서도 대표가 되는 꽃에 초점을 맞추면서 영상자료로 남기는 즐거운 시간을 갖는다.

나름 우리나라의 대표되는 동백자생지를 돌아본다고 했지만 극히 일부 지역에 그쳤고, 그 지역에서도 우리들의 눈에 특별히 보이는 나무만을 관찰한 자료를 정리하였기에 부족한 점이 많다. 부족한 점은 독자들의 양해를 구한다. 다만 앞으로 우리가 본 것 외에도 더 많은 아름다운 꽃들이 발견되고 평가됨으로써 우리나라에서는 아직 시작도 되지 않은 동백꽃 신품종 육종의 기본 자료로서 효시가 되고 나아가 책에 수록되는 이 동백꽃들이 우리나라 고유의 자원임을 세계에 알리는 자료가 될 수 있기를 기대해 본다.

2023년 03월 20일

한국토종연구소장 매우(梅友) 안완식

위미리 동백나무 군락(2018.2.26)

식물 NO		A	크기m		근원 cm		잎				꽃				꽃크기 cm		
		수형	수고	수폭	직경	둘레	길이 cm	폭 cm	B 잎모양	C 잎색	D 꽃색	홑겹	꽃잎수	E 꽃모양	폭	장	F 수술모양
KC 001	위미 01	개	12		44	138			타원	표준	붉은색	홑	5	통	5.5		원통
KC 002	위미 02	개	10		30	95			타원	표준	붉은색	홑	5	나팔	8.5		원통
KC 003	위미 03	개	12		43	135			타원	표준	진분홍색	홑	5	나팔	6.0		원통
KC 004	위미 04	개	12		30	93			타원	표준	붉은색	홑	5	통	5.0		원통
KC 005	위미 05	개	12		41	130			타원	표준	진분홍색	홑	6	도라지	5.5		원통
KC 006	위미 06	개	12		33	104			타원	표준	검붉은색	홑	5	술잔	5.0		원통
KC 007	위미 07	개	10		34	106			타원	표준	붉은색	홑	6	사발	8.0		원통
KC 008	위미 08	개	3		14	45			타원	표준	붉은색	홑	5	술잔	3.5 ~4		원통
KC 009	위미 09	개	12		49	154			타원	표준	붉은색	홑	6	술잔	4.0		원통
KC 010	위미 10	개	10		19	61			타원	표준	진붉은색	홑	6	술잔	4.5 ~5.0		원통

신흥리 동백나무 군락(2018.2.26) / 선흘곶 동백동산(2018.2.27)

식물 NO		A	크기m		근원 cm		잎				꽃				꽃크기 cm		F
		수형	수고	수폭	직경	둘레	길이 cm	폭 cm	B 잎모양	C 잎색	D 꽃색	홑겹	꽃잎수	E 꽃모양	폭	장	수술모양
KC 011	신흥 01	개	15		62	195			타원	표준	붉은색	홑	5	술잔	4.0		원통
KC 012	신흥 02	개	10		37	115			타원	표준	붉은색	홑	5	나팔	7.0		원통
KC 013	신흥 03	개	12		61	190			타원	표준	진분홍색	홑	5	나팔	5.5		원통
* KC 014	신흥 04	개	12		7	22	7	3.5	타원	자갈	붉은색	홑	5	통	5.0		폐쇄
KC 015	선흘 01	개	10		62	195 6줄기			타원	표준	붉은색	홑	5	통	작음		원통
KC 016	선흘 02	개	2.5		5	15			장타원	표준	붉은3장, 분홍2장	홑	5	나팔	5.0		원통
KC 017	선흘 03	개	8		27	85 3줄기			타원	표준	붉은색	홑	5	나팔	7.0		원통
KC 018	선흘 04	개	6		22	68 2줄기			타원	표준	진한분홍	홑	5	나팔	4.5		폐쇄
KC 019	선흘 05	개	6		21	67			타원	표준	진한붉은	홑	5	계란형	4.0		폐쇄

* 햇빛 받는 쪽의 잎이 갈색으로 변색되는 특성이 있다.

근원부에서부터 여러 개로 줄기가 갈라져 나온 나무의 근원둘레도 30cm 부근에서 여러 줄기를 포함하여 조사했다.

근원 직경은 줄기수와 상관없이 둘레값을 3.14로 나눈 값.

카멜리아힐 수목원(2018.2.27)

식물 NO		A	크기m		근원 cm		잎				꽃						F
		수형	수고	수폭	직경	둘레	길이 cm	폭 cm	B 잎모양	C 잎색	D 꽃색	홑겹	꽃잎수	E 꽃모양	꽃크기 cm 폭	꽃크기 cm 장	수술모양
* KC 020	카밀 01	개	6 짤림		53	165			타원	표준	검붉은색	홑	6	나팔	6.0		폐쇄
KC 021	카밀 02	개	5		24	75			긴 타원	반엽	붉은색	홑	6	술잔	4.0		폐쇄
KC 022	카밀 03	개	5		21	66 2가지			긴 타원	표준	붉은색	홑	5	술잔	4.0		원통
KC 023	카밀 04	개	5		40	125	8	4.5	타원	표준 진한청록	붉은색	홑	5	통	6.0		원통
** KC 024	카밀 05	개	5		30	95	7.5	3.5	긴 타원	표준 진한청록	붉은색	홑	6	통	5.0		폐쇄
KC 025	카밀 06	개	5 짤림		58	183	8	5	타원	반엽 노랑	붉은색	홑	5	술잔	4.0		폐쇄
KC 026	카밀 07	개	6		67	53	8	4.5	타원	표준 진함	검붉은색	홑	5	통	6.0		원통
KC 027	카밀 08	개	7 짤림		24	75 4가지	7	4	타원	표준	검붉은색	홑	5	술잔	3.5		원통
KC 028	카밀 08	개	7 짤림		40	125	8	4	타원	표준	검붉은색	홑	5	술잔	4.0		원통

* 햇빛 받는 쪽의 잎이 갈색으로 변색되는 특성이 있다.
** 양중해기념관 잔디밭 앞쪽에 있는 처진 동백이다.

제주민속자연사박물관(2018.2.28) / 제주 성산면 수산초등학교 교정의 백동백(2019.3.3)

식물 NO		A	크기m		근원 cm		잎				꽃						
		수형	수고	수폭	직경	둘레	길이 cm	폭 cm	B 잎모양	C 잎색	D 꽃색	홑겹	꽃잎수	E 꽃모양	꽃크기 cm 폭	꽃크기 cm 장	F 수술모양
KC 029	민속 01	개	4 짤림		37	115			타원	표준	진한분홍	홑	7~8	통	7.0		원통

제주 성산면 수산초등학교 교정의 백동백(2019.3.3) / 제주 성산면 삼달1리 암홍동백(1990)

식물 NO		A	크기m		근원 cm		잎				꽃						
		수형	수고	수폭	직경	둘레	길이 cm	폭 cm	B 잎모양	C 잎색	D 꽃색	홑겹	꽃잎수	E 꽃모양	꽃크기 cm 폭	꽃크기 cm 장	F 수술모양
KC2019_004	수산-1	개	7	7		104	7	3.5	타원	녹색	흰색	홑	5	통	5.5	4~5	원통
KC2008_054	삼달 01	개	5	7		54	5.5	3.8	단타원	녹색	암홍색	홑	5	술잔	4.5		원통

거제시 학동(2018.3.20)

식물 NO		A	크기m		근원 cm		잎				꽃						F
		수형	수고	수폭	직경	둘레	길이 cm	폭 cm	B 잎모양	C 잎색	D 꽃색	홑겹	꽃잎수	E 꽃모양	꽃크기 cm 폭	꽃크기 cm 장	수술모양
KC 030	학동 01	직립	1.5		3.5	11	8	4	타원	자색	진한붉은색	홑	6	통형	4		폐쇄
KC 031	학동 02	개장	4			57	8	5	타원	녹색	붉은색	홑	6	사발	7		원통
KC 032	학동 03	개	3			45	7	4	타원	무광 진녹	분홍색	홑	5	사발	9		원통
KC 033	학동 04	개	5			46	6.5	4.5	타원	연녹	진분홍색	홑	6	나팔	7		원통
KC 034	학동 05	개	5			68	9	5	타원	녹색	붉은색	홑	5	통형	4		폐쇄
* KC 035	학동 06	개				71	5	3	타원	녹색	붉은색	홑		통형 사발형	6		원통
KC 036	학동 07	개	5			105 77	7	5	타원	녹갈색	흰색	홑	5~6	통형	6		폐쇄
KC 037	학동 08	개	7			81	7	4.5	타원	갈녹색	옅은분홍 ~진분홍	홑	6	통형	6~7		원통
KC 038	학동 09	개	2.5			40 20	7	4.5	타원	갈녹색	진한붉은색	홑	5~6	통형	6		폐쇄

* 소엽종, 만생종으로 개화가 늦다.

거제시 공곶이(2018.3.20) / 거제시 외간리(2018.3.20)

식물 NO		A	크기m		근원 cm		잎				꽃						F
		수형	수고	수폭	직경	둘레	길이 cm	폭 cm	B 잎모양	C 잎색	D 꽃색	홑겹	꽃잎수	E 꽃모양	꽃크기 cm 폭	꽃크기 cm 장	수술모양
KC 039	공곶 01	개	5			25 6개	9	4.5	타원	녹색	분홍색	홑	5	나팔	6		폐쇄
* KC 040	공곶 02	개	6			22	6	3	타원	녹색	분홍색	홑	5	나팔	6		원통
KC 041	공곶 03	개	10			41 3개	7	4	타원	녹색	진한붉은색	홑	5	작은 술잔	4 ~ 4.5		폐쇄
KC 042	외간 01	개	8	16		274	7	4	타원	갈녹색	붉은색	홑	5	술잔	4		원통
KC 043	외간 02	개	7	14		150 195 145 91	7	4	타원	갈녹색	붉은색	홑	5	술잔	4		원통

* 분홍색의 꽃 낱장 모양이 특이함 = 꽃잎이 개헛바닥처럼 다소 길고 끝이 깊게 갈라짐.

거제시 지심도(2019.3.27)

식물 NO		A	크기m		근원 cm		잎				꽃						
		수형	수고	수폭	직경	둘레	길이 cm	폭 cm	B 잎모양	C 잎색	D 꽃색	홑겹	꽃잎수	E 꽃모양	꽃크기 cm 폭	꽃크기 cm 장	F 수술모양
KC 048	지심 01	개	7	8		1-104 2-100	9	5.5	타원	녹색	붉은색	홑	6	통	6	6	폐쇄
KC 049	지심 02	개	8	6		155	9	5	타원	녹색	진한붉은색	홑	5	나팔	6(5)	4	원통
KC 050	지심 03	개	6	3		64	6	4	타원	녹색	검붉은색	홑	5	술잔	4.5	3.5~4	원통
KC 051	지심 04	개	5	4		70	5	3	타원 소형	녹색	연한붉은색 주홍색	홑	6	통	5	4	원통
KC 052	지심 05	개	10	12		72	7	4.5	타원	녹색	붉은색	홑	5	사발	7	6	원통
KC 053	지심 06	개	8	8		110	8	4.5	타원	녹색	붉은색 주홍색	홑	5	나팔	7	4.5	원통
KC 054	지심 07	개	4	4		38	10	5	장타원	녹색	진한붉은색	홑	6	긴 도라지	5	7	원통
KC 055	지심 08	개	8	8		98	8	4.5	타원	진녹색	검붉은색	홑	5	사발	8	5	원통
KC 056	지심 09	개	8	8		65	8	5	타원	진녹색	붉은색	홑	6	술잔	4.5	4	원통
KC 057	장승 01	개	3	3		43	7.5	4	타원	바랜 녹색	붉은색	홑	5	도라지	3	6	폐쇄

통영시 충열사 동백나무(2018.3.21) / 통영시 우도(2018.3.27~28)

식물 NO		A	크기m		근원 cm		잎				꽃						
		수형	수고	수폭	직경	둘레	길이 cm	폭 cm	B 잎모양	C 잎색	D 꽃색	홑겹	꽃잎수	E 꽃모양	꽃크기 cm 폭	꽃크기 cm 장	F 수술모양
* KC 044	충렬 01	개	7	7		196	8	4.5	타원	녹색	짙은붉은색	홑	5	통	5		폐쇄
KC 045	충렬 02	개	2.5	2		40	7	4	타원	연녹색	밝은붉은색	홑	6	통	6		원통
KC 058	우도 01	개	8		25		6	3.5	타원	진녹색	연한분홍색	홑	7	통	5.5.	5	원통
KC 059	우도 02	개	8		20		6	3.3	타원 큰잎	녹색	흰색	홑	6	통	4.5	4.5	원통
KC 060	우도 03	개	8		30		8.5	4.5	타원	녹색	붉은색	홑	7~8	사발	7.5	5	원통
KC 061	우도 04	개	5	6		90	8	4.5	타원	녹색	밝은붉은색	홑	5	사발	8	6	원통
KC 062	우도 05	개	7	4		90	6	4	타원	녹색	검붉은색	홑	5	사발	6	5	폐쇄
KC 063	우도 06	개	7	4		103	7	3.5	타원	녹색	분홍색	홑	6	나발	5.5	5.5	원통

* 나무가 노화하여 수세가 약함. 4그루 중 2그루는 고사하고 1그루는 고사 직전임.

통영시 두미도(2019.3.24) / 울산광역시 (2018.3.21. 울산광역시청, 울산광역시 중구청 학성공원)

식물 NO		A	크기m		근원 cm		잎				꽃						
		수형	수고	수폭	직경	둘레	길이 cm	폭 cm	B 잎모양	C 잎색	D 꽃색	홑겹	꽃잎수	E 꽃모양	꽃크기 cm 폭	꽃크기 cm 장	F 수술모양
KC 2019-09	두미 01	개	1	0.6		10여 년생	7	4	타원	녹색	붉은색 주황색	홑	9	통 ~ 나팔	7	4.5	원통, 폐쇄
KC 2019-10	두미 02	개	10	6		98	7.5	4	타원	녹색	분홍색	홑	5~6	통	6	5	원통
KC 2019-11	두미 03	개	4	4		50 2줄기	?	?	타원	녹색	붉은색에 흰줄무늬	홑	6	통	4.8	4	폐쇄
KC 2019-12	두미 04	개	8	6		80 2줄기	7	4	타원	녹색	백색	홑	5	통	5	5	원통, 폐쇄
KC 046	울산 01	개	2.8	2.4		45	6	3	장타원	바렌 녹색	흰색~ 붉은색	겹 - 팔 중	많음				퇴화한 통형
KC 047	울산 02	개	0.6	0.5		2			장타원	녹색	녹색	겹 - 팔 중	많음				

울릉도(2019.4.29~30)

식물 NO		A	크기m		근원 cm		잎				꽃						
		수형	수고	수폭	직경	둘레	길이 cm	폭 cm	B 잎모양	C 잎색	D 꽃색	홑겹	꽃잎수	E 꽃모양	꽃크기 cm 폭	꽃크기 cm 장	F 수술모양
KC2019-20	울릉도-1 (저동리)		4	4		50이상	8	4.5			분홍색	홑	7-8	통형나팔	6.5	6	
KC2019-21	울릉도-2 (태하등대)		4	4		30~40			소형		붉은색			소형			
KC2019-22	울릉도-3 (태하등대)										붉은색			중형사발			
KC2019-23	울릉도-4 (저동수협)		2	2					세장		분홍색			나팔			
KC2019-24	내수전-1		5	4		52							5				
KC2019-25	내수전-2					35			세장		붉은색			통형사발			
KC2019-26	내수전-3					20					붉은색			통형	4	3.5	
KC2019-27	내수전-4					65					붉은색			나팔			폐쇄
KC2019-28	내수전-5						10.5	4.5	장엽		붉은색			긴통형	4.5	5.5	
KC2019-29	내수전-6																
KC2019-30	내수전-7					126	8	4.5			분홍색			통형	5	5.5	
KC2019-31	내수전 맞은편-1		5				7	4			붉은색			통형	4	4.5	
KC2019-32	내수전 맞은편-2						6.5	3.7			진적색			통형	5	4.5	

여수시 돌산도, 오동도 (2019.3.23) / 광양시 옥룡사지 (2018.3.28)

식물 NO		A	크기m		근원 cm		잎				꽃				꽃크기 cm		
		수형	수고	수폭	직경	둘레	길이 cm	폭 cm	B 잎모양	C 잎색	D 꽃색	홀겹	꽃잎수	E 꽃모양	폭	장	F 수술모양
KC2019-05	임포 01	개	10	7		108	7.5	4	타원	녹색	분홍색	홀	5	통	5	4	원통
KC2019-06	오동 01	개	5	4		26/39	8.2	5.4	타원	녹색	붉은색	홀	5	소형 술잔	4	3	원통 폐쇄
KC2019-07	오동 02	개	10	12		84/90	8	4.5	타원	녹색	분홍색	홀	6~7	통형~ 나팔	4.5	4.5	원통 폐쇄
KC2019-08	오동 03	개	8	8		70 8줄기	8.8	4	타원	녹색	검붉은색	홀	5	나팔	6	5.5	원통 폐쇄
KC 064	옥룡 01	개	8	4		45	7.5	4	타원	녹색	주홍색	홀	6	나팔	7	5	원통
KC 065	옥룡 02	개	7	7		93	7	3.5	타원	바랜 녹색	붉은색	홀	5	나팔	6	5	원통
KC 066	옥룡 03	개	10	10		66 4줄기	7	4	타원	진녹색	밝은 붉은색	홀	5	통	6	5	원통
KC 067	옥룡 04	개	10	11		78	7	4	타원	진녹색	분홍색	홀	6	나팔	7.5	5.5	원통
KC 068	옥룡 05	개	10	12		50 6줄기	7	3.5	타원	진녹색	붉은색	홀	6	술잔	4	4.5	원통
KC 069	옥룡 06	개	7	7		50 2줄기	5.5	4	타원	변색 녹색	진한 적색	홀	5	나팔	6	4	원통

장흥군 천관산 동백숲 (2018.3.29)

식물 NO		A	크기m		근원 cm		잎				꽃				꽃크기 cm		
		수형	수고	수폭	직경	둘레	길이 cm	폭 cm	B 잎모양	C 잎색	D 꽃색	홀겹	꽃잎수	E 꽃모양	폭	장	F 수술모양
KC 070	천관 01	개	4	5		15 4줄기	9	4	타원 (뾰족)	진녹색	진한붉은색 (쌍봉형)	홀	5	나팔	7	4	원통
KC 071	천관 02	개	2.5	2		27	6	3.3	타원	녹색	분홍색 (소형)	홀	5	통	4.5	4	원통
KC 072	천관 03	개	5	3		43	8	4.5	타원 (대엽)	바랜 녹색	분홍색 (대형)	홀	5	나팔	8	5	원통
KC 073	천관 04	개	5	3		43 2줄기	7	5	타원 (둥근)	녹색	붉은색 (소형)	홀	5	술잔	4.5	4	원통
KC 074	천관 05	개	7	5		2갈래	9	4.2	장타원	진녹색	붉은색 (중형)	홀	5	나팔	6	4.5	원통
KC 075	천관 06	개	6	5			7	4	타원	진녹색	분홍색 (중형)	홀	5	나팔	5.5	3	원통
KC 076	천관 07	개	8	7		3갈래	6.5	3.5	타원	녹색	붉은색	홀	5~6	주름사발	7.5	5	원통
KC 077	천관 08	개	8	5		63	6.5	3.5	타원	녹색	연분홍색	홀	6	통	6	6	원통
KC 078	천관 09	개	8	7		75	9	4.5	타원	녹색	검붉은색	홀	6	나팔	6	5	원통
KC 079	천관 10	개	7	7		97	8	5	타원	바랜 녹색	붉은색	홀	5	통7	6	4.5	폐쇄

강진군 백련사 동백숲 (2018.3.29)

식물 NO		A	크기m		근원 cm		잎				꽃							
		수형	수고	수폭	직경	둘레	길이 cm	폭 cm	B 잎모양	C 잎색	D 꽃색	홀겹	꽃잎수	E 꽃모양	꽃크기 cm 폭	꽃크기 cm 장	F 수술모양
KC 080	백련 01	개	15	15		124	8	4.5	타원	녹색	주홍색	홑	5	술잔	4	4	원통
KC 081	백련 02	개	12	12		115	7.5	4	타원	바랜 녹색	주홍색	홑		사발	5	4.5	원통
KC 082	백련 03	개	12	5		46	7	4.3	타원	녹색	진한붉은색	홑	6	중형 사발	5	4	원통
KC 083	백련 04	개	10	3		40	9	4.5	타원	녹색	붉은색	홑	5	나팔	6	4	원통
KC 084	백련 05	개	6	4		53	8	4	타원	무광 녹색	분홍색	홑	5	나팔	6	4.5	원통
KC 085	백련 05	개	5	2		75	7	4.2	타원	진녹색	밝은붉은색	홑	5	통	5	4.5	원통

완도군 완도항, 약산면 (2019.3.24) / 금사정 동백 (2018.4.4. 천연기념물 제515호 전남 나주시 왕곡면 송죽리 130)

식물 NO		A	크기m		근원 cm		잎				꽃						
		수형	수고	수폭	직경	둘레	길이 cm	폭 cm	B 잎모양	C 잎색	D 꽃색	홑겹	꽃잎수	E 꽃모양	꽃크기 cm 폭	꽃크기 cm 장	F 수술모양
KC2019-01	완도 01	개	2.5	2.0					타원	녹색	진분홍색	홑		통			원형
* KC2019-01	완도 02	개	3	3					타원	녹색	붉은색	홑		통형의 도라지			원형
KC2019-01	완도 02	개	5	5		80	8	5	타원	녹색	붉은샥	홑		통	3~4	3~3	원형
KC 086	금사 01	개	5	6		215	7.5	4	타원	녹색	붉은색	홑	6	술잔	4	5	원통

* 중소형으로 꽃 잎 끝이 약간 뾰족한 도라지형이 특징.

완도군 보길도 (2018.4.5~6)

식물 NO		A	크기m		근원 cm		잎				꽃				꽃크기 cm		
		수형	수고	수폭	직경	둘레	길이 cm	폭 cm	B 잎모양	C 잎색	D 꽃색	홑겹	꽃잎수	E 꽃모양	폭	장	F 수술모양
KC 087	보길 01	개	7	6		75 / 70 / 55	7.5	4	타원 중세장	녹색	진주홍색	홑	5	나팔	9	9	원통
KC 088	보길 02	개	5	7		85 / 77	8	3.7	타원 중세장	녹색	주황색	홑	6	통	6	6	원통
* KC 089	보길 03	개	5	7		42 3줄기	6	3	작은잎 중세장	진녹색	붉은색	홑	6	나팔	5	3	폐쇄
KC 090	보길 04	개	5	5		여러 갈래	8	4	타원	진녹색	진분홍	홑	5~6	나팔	6.5	5	원통
KC 091	보길 05	개	5	6		79	9	4.5	타원	진녹색	붉은색 (쭈글짐)	홑	6	사발	8	5	원통
KC 092	보길 06	개	5	3		42	7	4	타원	진녹색	진한붉은색	홑	5	도라지형 사발	7	6	원통
KC 098-1	보길 13	개	3	3	15		6	3	타원	녹색	흑적색	홑	7	도라지	5	4.5	원통

* 다착화성으로 작은 나팔이 특징임.

KC 099	보길 14	개	6	4		92	6.5	4	타원	녹색	백색	홀	6	통	4	4.5	원통
KC 100	보길 15	개				10이상	7.5	4	타원	녹색	흑적색	홀	5	통	4	4.5	원통
KC 101	보길 16	개	4	3		33	6.5	3.5	타원	녹색	붉은색	홀	6	긴 나팔	5	7	원통
KC 102	보길 17	개	4	3		39	7	4	타원	녹색	흑적색	홀	6	사발	5	5	원통
KC 103	보길 18	개	10	10		71	8	4.6	타원	진녹색	주황색	홀	5	모란형 나팔	8	4.5	원통
KC 104	보길 19	개	2.5	2		10이상	7	4	타원	녹색	진분홍색	홀	6	긴통	5.5	5.5	원통
KC 105	보길 20	개	4	2		32	8	4.5	둥근 타원	녹색	백색	홀	6	통	5.5	5	폐쇄
KC 106	보길 21	개	2	1		50 / 60	6	3	타원 (소엽)	바랜 녹색	연분홍색	홀	6	소형술잔	3.5	4	폐쇄
KC 107	보길 22	개	2	1		40 / 30 / 50	6	3.3	타원 (소엽)	진녹색	연분홍색	홀	-	-	-	-	-

고창군 선운사 동백나무 숲(2018. 천연기념물 제184호, 전북 고창군 선운사 동백나무 숲)

식물 NO		A	크기m		근원 cm		잎				꽃				꽃크기 cm		F
		수형	수고	수폭	직경	둘레	길이 cm	폭 cm	B 잎모양	C 잎색	D 꽃색	홑겹	꽃잎수	E 꽃모양	폭	장	수술모양
KC 109	선운 01	개	4	3.4		51	8	4.5	타원	녹색	진한붉은색	홑	5	나팔	5.5	4.5	폐쇄
KC 110	선운 02	개	3.5	3		21	8	4.6	타원	녹색	진한붉은색	홑	5	사발	7	5	원통
KC 111	선운 03	개	5	6		90	7	4.3	타원	녹색	연분홍색	홑	6	통	5	5	폐쇄
KC 112	선운 04	개	5	5		120 40	7	4.5	타원	녹색	주홍색	홑	6	도라지형 사발	6	5	원통
KC 113	선운 05	개	10	10		104	9	4.7	타원	녹색	진한적색	홑	5	나팔	5.5	4	원통
KC 114	선운 06	개	10	10		118	7	4.6	둥근 타원	녹색	분홍색	홑	5	평형	8	4	원통
KC 115	선운 07	개	10	8		46	7	4.6	둥근타 원	녹색	붉은색	홑	5	국화형	7	5	원통
KC 116	선운 08	개	10	8		58	7	4.3	타원	녹색	붉은색	홑	6	대형나팔	7.5	5	원통
KC 117	선운 09	개	5	5		54	6	4	타원	녹색	붉은색, 분홍색	홑		통	6	5	폐쇄
KC 118	선운 10	개	10	5		48	9	4.3	타원	녹색	분홍색	홑	6	술잔형 나팔	5.5	5	폐쇄
KC 119	선운 11	개	7	6		53	8.5	4.8	타원	보라빛 녹색	자적색	홑	6	통	6	5.5	폐쇄
KC 120	선운 12	개	10	10		82	9	5	둥근 타원	녹색	밝은붉은색	홑	6	큰통	5	4	원통

서천군 마량리 (2018)

식물 NO		A	크기m		근원 cm		잎				꽃				꽃크기 cm		
		수형	수고	수폭	직경	둘레	길이 cm	폭 cm	B 잎모양	C 잎색	D 꽃색	홑겹	꽃잎수	E 꽃모양	폭	장	F 수술모양
KC 121	마량 01	개	3	2		35	8	5	타원	녹색	분홍색	홑	5	통	5.5	5.5	원통
KC 122	마량 02	개	6	6		13X4 20-40 9줄기	9	4.8	타원	녹색	붉은색	홑	5	통	5	4.5	폐쇄
KC 123	마량 03	개	4	5		20-30 7줄기	7	4.4	둥근타원	녹색	밝은붉은색	홑	6	나팔	7	5	원통
KC 124	마량 04	개	5	5		21-32 5줄기	6	4	둥근 타원	녹색	밝은붉은색	홑	6	나팔	7	5	폐쇄
KC 125	마량 05	개	5	7		약 40	6.5	4	타원	녹색	밝은붉은색	홑	6	통	5	5	원통
KC 126	마량 06	개	5	7		약 50	7	4	타원	바랜 녹색	검붉은색	홑	5	통	5	5	원통
KC 127	마량 07	개	5	10		약 60	7	4	작은 타원	바랜 녹색	주홍색	홑	5	통	4.5	6	원통
KC 128	마량 08	개	2	1		17	6	4	타원	녹색	흑적색	홑	6	통	5.5	5.5	원통
KC 129	마량 09	개	2	1			7	4.6	둥근 타원	바랜 녹색	자적색	홑	5	통	5	5.5	원통
KC 130	마량 10	개	6	5		63	6.5	4.5	둥근 타원	바랜 녹색	진한붉은색	홑	5	술잔	4.5	4	원통
KC 131	마량 11	개	2	2		20	8	3.5	장타원	진녹색	진한붉은색	홑	6	도라지	5	6	원통
KC 132	마량 12	개	3	3		32	8	4.3	타원	녹색	진한붉은색	홑	5	사발	8	8	원통

보령시 외연도 상록수림 (2019. 당산 숲 천연기념물 제136호)
/ 태안군 근흥면 옹도 동백나무숲 (2018. 충남 태안군 근흥면 신진도리 옹도)

식물 NO		A	크기m		근원 cm		잎				꽃						
		수형	수고	수폭	직경	둘레	길이 cm	폭 cm	B 잎모양	C 잎색	D 꽃색	홑겹	꽃잎수	E 꽃모양	꽃크기 cm 폭	꽃크기 cm 장	F 수술모양
KC2019-13	외연 01	개	6	5		127	8.2	4.7	타원	녹색	붉은색	홑		통	6	5	원통
* KC2019-14	외연 02	개	6	6		78	7.5	3	긴타원	녹색	붉은색	홑		통	4.5	4	원통
* KC2019-15	외연 03	개	5	3		75	7.5	4.3	타원	녹색	진분홍색	홑		통, 사발	6.5	6	
KC2019-16	외연 04	개	5	8		180	10	6.5	타원 (대엽)	녹색	붉은색	홑		통	4	4	
KC2019-17	외연 05	개		3			8.5	5	타원	녹색	진분홍색	홑		통	6	6	폐쇄
KC2019-18	외연 06	개	2	2			9	6.6	둥근 타원	녹색	자적색	홑	5-7	사발	5.5	5.5	
KC 133	옹도 01	개	4.5	3		20 / 5 2개 / 3개	6.5	4	타원	바랜 녹색	붉은색	홑	5	나팔	6	4	원통
KC 134	옹도 02	개	4	4		10 3개	5	3.3	소형 둥근 타원	바랜 녹색	붉은색	홑	5-6	술잔	4	3.5	원통

* 다착화성이다.

태안군 근흥면 연포해수욕장 인근 민가의 동백나무 (2018. 충남 태안군 근흥면 도황길 179번지)
/ 태안군 근흥면 근흥중학교 : 2019. 충청남도 태안군 근흥면 근흥로 690

식물 NO		A	크기m		근원 cm		잎				꽃						F
		수형	수고	수폭	직경	둘레	길이 cm	폭 cm	B 잎모양	C 잎색	D 꽃색	홑겹	꽃잎수	E 꽃모양	꽃크기 cm 폭	꽃크기 cm 장	수술모양
KC 135	연포 01	개	2.5	2.5		32	6.5	4	타원	녹색	주홍색	홑	6	나팔	6	4.5	원통
KC 136	연포 02	개	2	1.8		24	6.5	4	타원	자색	진분홍색, 주홍색	홑	6	나팔	6	4	원통
KC 137	연포 03	개	2	2		22	6	3.8	타원	바랜 녹색	붉은색	홑	5-6	도라지	6	5	원통
KC 138	연포 04	개	4	3		25	6.5	3.5	타원	녹색	붉은색	홑	5	작은 통	5.5	4	원통
KC2019-19	근흥중 01	개	6	6		93	6.5	4.5	둥근 타원	녹색	진분홍색, 붉은색	홑		통	6.5	46	

옹진군 대청도 사탄리 동백군락 (2019.5. 천연기념물 제66호)

식물 NO		A	크기m		근원 cm		잎				꽃						
		수형	수고	수폭	직경	둘레	길이 cm	폭 cm	B 잎모양	C 잎색	D 꽃색	홀겹	꽃잎수	E 꽃모양	꽃크기 cm 폭	꽃크기 cm 장	F 수술모양
kc2019-33	대청도 01		5			11-49 7갈래	7.5	3.3			검붉은색	홀	5-6	통	4	3.5	폐쇄
kc2019-34	대청도 02		5			39	7	3.5			붉은색	홀		통	5	4.5	폐쇄
kc2019-35	대청도 03		5-6			41, 33 2갈래	7.6	4.2			붉은색	홀		통	6	5	원통
kc2019-36	대청도 04		6			약 30 5갈래	7	4.3			붉은색	홀			6	5	원통
kc2019-37	대청도 05		4							분홍색	붉은색	홀					